高敏感者的安全感

[英]威廉姆·布鲁姆 著
（William Bloom）

吕红丽 译

湖南人民出版社

目 录

1 ▷ 我们需要安全感
安全感是实现真正的成功与个人成长的基石

个人成长之基石……005
内在安全感的构成……009
培养安全感——基本生活技巧的需要……013
内心强大自信的源泉……019

2 ▷ 安全感的构成
了解身体、情绪和能量地图

情绪与心态对身体的影响……031
荷尔蒙的神奇魔力……033
拥有力量和勇气……036
敏锐机警、豁达开朗、善待自己……038
掌控个人的能量场……041
结论——通往安全感之路……044

3 - ▷ 经营好内部世界的化学反应
建立起积极感受的宝库，以应对未来挑战

转化过去的恐惧……050
适时暂停并转移注意力……054
体内的天然镇静剂……058
如何触发内啡肽的分泌……060
利用积极的触发因子……064
发现野草莓……067
思想是身体的父母……069

4 - ▷ 做一个慷慨、有风度、友善的骑士
用心，以积极的愿景给予自己和他人安全感

让他人安心……078
安全感与慷慨、宽容……081
成为一个有骑士风度的人……083
管理好自己……085
在危险和伤害中保护好自己……090
善待他人……094
永葆美好愿景……097
终极安全感——把握好生命中每一份美好……100

5 - ▷ 安全感的无形力量
管控能够影响你的能量场、气场和氛围

情绪和思想能量……107

世人皆共感者……110

物以类聚……113

与集体能量共鸣……116

能量过载和能量链接……119

合理应对能量过载……124

勿创造消极能量……128

祖先和民族的影响……132

好消息……137

与大自然和宇宙建立链接……140

重建链接……143

治愈战争……146

6 ▷ 创造能量保护
在纷乱的世界中保持自己强大的中心能量场

脆弱的根源……153

转移注意力……156

加强你的能量场……159

将自己置身于一个气泡中……160

加固气泡……161

装饰气泡……162

使用不同的形状、动物和植物的形态……163

使用盾牌……164

接地和"触底"……166

热爱你的"敌人"……169

寻求帮助……172

7 - ▷ 勇于面对现实
揭示并克服一切破坏安全感的秘密程序

纵观大局……180
预防药物……183
恶性循环……186
佛教哲学……188
自我纠正的艺术……191
集体性无视……195
现实主义……197
像狮子一样爆发……199
释放你的创造性攻击力……202

8 - ▷ 安全而伟大的灵魂
从安全感到满足感，继续前行

全球公民……208
走向卓越……215
鼓励你的灵魂……218
三件重要的事……222
狮子和太阳……228
为生命社区做出贡献……230
基本原则……234

1

我们需要安全感

安全感是实现真正的成功与个人成长的基石

人们做过这样一个试验。把刚刚出生不久的小猴子从它们的母亲身边带走，人们给它们最好的食物，保证它们营养充足，生活环境舒适。但是，大部分时间里，它们都是孤零零的，感受不到母亲和家人带给它们的那种温暖和抚慰。结果，这些小家伙成长得并不好。一出生就失去母爱，这种创伤影响了它们的一生。它们缺乏自信，畏首畏尾。因为从小缺乏母亲的抚慰，它们的大眼睛中显现出无限的茫然。它们喜怒无常，时而温顺，时而凶猛，几乎无法融入群体中。

缺乏安全感，使得这些小猴子根本无法正常成长。同理，人类也一样。如果人类缺乏身心安全感，也一样无法健康成长。当人们担惊受怕、紧张焦虑时，你观察过他们的眼睛吗？当人们的心灵受到创伤或者刺激时，他们的心志也随之飘摇。观察一下那些有过悲惨经历或经受过灾难的人。他们的身形似乎都变得矮小脆弱了，眼睛里显现出的都是茫然和不知所从。

而那些经受创伤程度轻一些的人呢？如一个刚刚被拒绝或者没有达到自己期望目标的人，他们的眼睛又是怎样的？我曾见过一个商人，他辛苦努力了几个月的项目惨遭失败。他尝试扬起下巴，挺直胸膛，显示出一副趾高气扬、咄咄逼人的样子。然而他的眼睛却睁大，极力掩饰内心的脆弱。从心理学的角度来说，他的内心世界此时已经崩塌。他极力表现出强悍男子汉的气概，无非是用来掩饰内心那个真实形象：一个失去安全保护毯的小男孩形象。

当人们失去了安全感——无论他们展现给世界什么样的外表——都无法有效地应对生活。因为有一些东西在他们的内心中已经崩塌。一个被霸凌欺负的小孩，或者在聚会中、酒吧里、夜总会感觉格格不入的成年人，他们在今后的生活中都会表现出胆怯畏缩。当要学习的信息多得应接不暇时，他们的自信心就会减弱，创造力也就达到冰点。如果一个游客走进了一个神秘阴森的地方，也一样会犹豫：究竟要不要继续参观下去。当国际政治形势紧张、冲突不断时，有些人就能感受到一大波恐惧。那些遭受过虐待或创伤的人，他们对外界的感受也会更敏感些。

这个世界本就充满各种危险，那我们该如何应对？答案当然就是："获得内在安全感。"只有这样，无论你周围的世界如何变化，你都能沉着冷静，自如应对。

当人们拥有了这种内在安全感，便会满怀自信，积极乐观，从容自若。快乐的、成功的和满足感十足的人，必定都是有安全感的人。他们不仅能自如应对各种挑战和生活中的危机，还能给周围的人带来帮助和鼓励。

本书致力于帮助你在你的内心深处获得这种长效可靠的安全感。

个人成长之基石

安全感是创建正常、快乐又充实的生活的基石。如果你没有安全感,时刻感到害怕或焦虑,那么就连基本的生活,你都难以维系。

人们对衣食住行的需要,只是获得安全感的一个起点。如果你还在为下一顿饭而担心,或者为你和家人的生命安全担心,你又怎能全面发挥个人的潜力。这对谁来说,无疑都是一种悲哀。那些生活在战争、饥饿和灾难中的人,抑或是那些生活在动荡不安的社会中的人,不得不把自己全部的精力倾注在生存这一残酷的现实上,别无选择。

更糟的是,那些受到极大伤害的人,除了舔舐自己的伤口和创伤以外,其他什么都无法专注。对于生命中那些更具意义的目标,他们既没有时间,也没有条件去追求——因而也就感受不到生活的意义,无法经历心灵的成长、个人的成长,体会不到爱的付出,更感受不到人类和世界的美好。

然而,恐惧、焦虑和创伤不仅仅只是由身体上的伤害产生的。如果缺乏心理安全这一核心,人们也一样如此。假如你感觉到，在社会上没有归属感，这对你而言，就像有人拿着枪顶着你的头一样危险。这绝不是随口一说的事。有些人在遭遇失业、财富损失或地位下滑时，他们宁愿结束自己的生命，也不愿意每天生活在这种茫然失落的感觉之中。他们宁可死也不愿意失去自己的身份和地位。只要一遇经济衰退，自杀率就会上升。甚至那些家庭美满、身体健康的人，也会在失意时选择结束自己的生命。没有内在基石的人，很容易因为羞愧和迷茫而万念俱灰。

此外，受到世人的偏见，如被视为一个外人，也会给人造成心理伤害。如果和你一起生活或者工作的人，不愿意真正地接受你，那你是不可能有安全感的。由于种族、性别或者残疾而遭受世人歧视的人，无论明显与否，心中总是充满敌意和恨意。

安全感是人类健康成长的天然根基。没有安全感，人们就会有意无意地感觉到紧张——你的行为也会因此受到影响，表现出哗众取宠或者薄志弱行的性格特点。霸凌者和好大喜功的人通常都是缺乏心理安全感的人；那些整天自怨自艾或者气焰嚣张的人，也是如此。没有安全感，就没有健康成长与走向成功的活力和生命力。由于深陷永无止境的紧张之中，并要时刻表现出骄傲自大或者自我防御的心态，你的精力很快就会枯竭。

即使有的人获得了物质上的成功和一定的社会地位，这也不能确保他们就不再感到紧张或者能获得心理安全感。根据最新的研究表明，物质上成功的人，反而要比那些碌碌无为之辈所经历的噩梦要多得多。对一个缺乏安全感的人来说，由于事事处处都需要掌控，财富、财产和权力的增长，反而会增加其恐惧感和焦虑感——因为需要他们掌控的事更多了。看看你周围的各种控制狂，你就会明白：控制欲的根源就是由于缺乏内在安全感。

外在的成功通常能够掩饰内心的恐惧。但是，更糟的是，外在的成功也会激发内心的焦虑感。即使强大的外部保护也无法改善这一状况。堡垒、城堡、武器、保镖，以及各种武术和自卫术都无法让缺乏安全感的人感到安全。

在这个世界里，危险本就无处不在。人们缺乏安全感的原因也是形形色色的。

本书旨在帮助人们获得真正的内在安全感，无论他们的生活环境如何——贫穷或是富有；高贵或是贫贱；生于和平之国或者战乱之地。这种内在的安全感源于内在的力量和智慧。一旦获得，则成为性格中的永恒。这种内在安全感同样对你周围的人也是积极有益的，因为你也能让其他人感到安全。拥有坚实可靠的街坊邻里、同事朋友，对谁来说不是人生一大幸事呢？生活中遇到艰难困苦时，他们就是我们可以依靠的臂膀。

如果看到有人被称为"有安全感之人"，那就说明这个人得到了人们的接纳和认可。同时也意味着，这个人在人们面前呈现出了沉着冷静、积极乐观的状态。具有安全感的人，沉着稳重，聪明睿智，为人处世分寸得当。你处事冷静，但却不会冷酷。你行为小心谨慎，但不会吹毛求疵。看到有人受欺负或者受伤时，你绝不会袖手旁观。你的气质中饱含着力量和温暖。你做事小心谨慎、细致入微，同时能够鼓舞人心。你就是人们眼中的那个"得之我幸"之人。

内在安全感的构成

就如何获得内在安全感，本书将为你提供非常重要且简单易行的技巧和方法。如同河水终将流入大海，安全感和自信心也是人的一生中需要有的特质。这些特质是可以在人们的内心建立起来的。据我个人的经验，任何人，无论有什么样的过往或生活在什么样的环境下，都能获得这些特质。

我花了30年的时间，研究、发展并教授如何获得这些特质的方法技巧。这30年间，我遇到了各种类型的人，帮助他们一路成长。一开始，我做这些研究纯属个人原因，因为我当时正在寻找我个人的身心安全感。在我还很年轻的时候，有过这样一种经历：20岁初的时候，我曾和一帮摩托车阿飞混在一起，在20岁快要结束时，我在家乡开了一家臭名昭著的酒吧。

那时，我对人体中的化学物质一窍不通。然而，面临危险时产生的一系列情绪变化让我着迷。当危险临近时，我能感觉到，身体血液中的肾上腺素迅速上升。于是，我开始失控，并感到紧张和焦虑。我不敢直视他人的眼睛，整个人都表现出焦虑不安。当其他人看到我这个样子时，就知我早已不堪一击。为了自身安全，我必须控制我的肾上腺素。

通过静坐冥想和武术练习，我学会了掌控自己的情绪，人也变得沉稳强大起来。

于是，我开始对这一问题所产生的社会影响和政治影响感兴趣。在读博士期间，我完成了个人安全感如何影响国际社会的研究。随后，我又在大学里教授《国际政治中的心理问题》这一门课程。接下来我开始亲身实践，在市中心的一所社会大学工作了10年，研究具有特殊需求的成年人和青少年群体，发现这些成年人和青少年中的大部分人的内心深处都储存着创伤和焦虑。

我全面展开了我的研究，将当代医学、心理冥想和武术的知识结合起来，这些共同构成了获得安全感的重要内容。

除了写作和上课以外，我还为大使馆的工作人员、负责姑息治疗的护士，以及正面临烦恼和危险的男男女女们提供心理治疗。和你一样，这些人需要对现实有全面的认识，同时还需要培养安全感和自信心。

在本书中，我将与你分享我所知道的培养安全感的技巧和方法，这些技巧和方法经过我反复验证，切实可行并行之有效。它们包括：

· 管控激发安全感和恐惧感的激素。

- 培养积极乐观的心态，防患于未然。
- 无论生活如何变化，始终与生活中的美好保持链接。
- 管控自己的能量场，设立心理防线。
- 增强内在力量。
- 勇敢无畏，慷慨豁达。
- 正视你不喜欢的事物。
- 面对挑战，镇定自若，坚定强大。
- 心胸开阔。
- 积极乐观，鼓舞他人。

如果你能够按照接下来章节中的具体指导去做，实现上面的这一切都会得心应手。做到这些，面对那些曾经困扰着你的情形——压抑沉闷的家庭、满腹牢骚的同事、粗鲁无礼的学生、蛮不讲理的客户、过度负载的信息、消极悲观的氛围、各种最终期限、个人的艰难困苦以及政治上的动荡不安等，简言之，就是面对那些曾让你苦不堪言的一切，你都能表现出沉着冷静，感受到快乐愉悦，对人宽宏大度。

当然，你可能还会生气、紧张或者难过，但是因为你已经有了稳定的内在核心，很快就能回归正常。

如果你遭遇了不幸，或者更极端的情形，如面临危险、威胁或伤害时，这些技巧也能够使你受益。我最大的愿望，当然是希望你和所有人，永生都不要经历任何苦难或恐惧。

就算上天不长眼，让这一切发生，你的周围也会有许多照顾你、帮助你的朋友。本书就是帮助你，在面对任何巨大变化或者危险境地时有所准备。

培养安全感——基本生活技巧的需要

无论外面的世界如何变化，始终拥有安全感，是现代社会所必备的一项重要生活技能。

在生活中，你遇到的可能不仅仅是身体上的威胁。你现在所生活的世界，紧张和焦虑已是家常便饭。一切都在"嗡嗡""吱吱""呜呜"声中不断变化。变化就意味着一系列新事物的出现，而新事物的出现，就会让人们感到紧张。因为你现有的知识远远跟不上世界的变化更新。

人类从未经历过如此无休无止的变化、挑战和刺激。过去，如果你在一个小村庄的草地上睡着了，即使一百年后才醒来，你也会发现，这个地方基本没有发生任何变化，草地还是那片草地，房屋还是那些房屋，小路还是那条小路，池塘还是那口池塘。而如今，你所生活的世界，各种变革如浪潮般一波一波迅猛袭来，永不停息。没有什么是永远不变或稳若磐石的。这个世界，最近50年里所发生的变化，比过去5000年发生的变化还要多。

你要做到活到老、学到老。因为这个世界在不停地变化，对你也不断地有了新要求。每天都如一场考试，以检测你是否已掌握了最新的变化。过去被视为安全稳定的一切——"铁饭碗"、固定的生活圈子、传统的伦理道德、尊老爱幼的美德，都已烟消云散。我们甚至都不敢保证，明天我们的工作是否依然还在。曾经看似坚不可摧的公司和贸易，一夜之间就有可能摇摇欲坠、分崩离析。我们的耳边总是"嗡嗡"作响，时刻提醒我们，明天还能不能交得起房租，付得起房贷。

除此之外，还有一种"噪音"——现代世界中各种电子产品的"颤动声"，没完没了地刺激你的每一根神经。

你可能对此习以为常，反而意识不到这一切带给你的烦扰。然而，在你的潜意识里，你的各种感官还是能够完全感觉得到的。你只不过是把那些看似不重要的信息过滤掉了而已。自你出生之日起，你就被灌输了机械和电子的相关信息，在一定程度上这是很普遍的，甚至也是令人愉悦的。然而，这一切对我们的感官来说，却是痛苦的：各种车辆发出的隆隆声、刺鼻的尾气，令人心烦意乱；媒体播放的音乐和各种没完没了的影像充斥着我们的生活；电灯赤裸裸的亮光让人头晕目眩。电脑和其他各种显示屏的辐射，让我们无处可躲；还有手机、发射器的微波频率的隐形伤害，五花八门，数不胜数。

我们喜欢这些事物，因而也就感到理所当然。但是请问，你休息的地方，哪里没有刺目的灯光、轰鸣的车辆？宁静祥和早已成为一种奢望。对比一下，你奔波在高速公路上、忙碌于办公室或者厨房里的感受，和在海边欣赏月色，躺在柔软的沙滩上休憩，或者在山林中漫步的感觉，有什么不同！

世界急剧变化，也冲击了我们对情感的维系。如今，人们所拥有的自由程度，是几十年前的人们想都不敢想的，也是根本不被允许的。仅仅一个世纪前，婚前性行为是极为罕见的，并会遭人鄙夷；而如今，起码在西方国家的大部分地区，如果没有婚前性行为，反而会受人耻笑。女性的贞操已不再是现代社会人们所关注的重心。性自由，几十年前还被视为是极为前卫的，而对现代人来说，已是司空见惯了。有的婚姻能天久地长，有的不能。我们似乎已经接受婚姻必败的事实，那些白头偕老的婚姻反而被认为是稀有古怪的现象。

人类并不是生来就能够应对诸多应接不暇的变化。20世纪50年代，有一首流行歌曲，名叫《世界请停下，我要下车》。那个年代尚且如此，如果把这首歌的演唱者请到21世纪，他会有什么样的感受？

自由是伟大美好的，但自由也是要付出心理代价的。在自由度极大的环境中，我们很难拥有持久的情感，我们不再感到安全和稳定。

有一天，走在伦敦的市中心，我看到一个女人，身上穿着一件粉红色的紧身短袖T恤，T恤衫上写着这样几个大字：

快！快！杀杀杀。我感到既可笑，又忧心。

我并不想对各种寻欢作乐表示鄙夷。我只是想让你现实一些。对大部分人来说，过去的几十年，是充满刺激又开心愉悦的。人们也创造出了许多新奇的活动，在一定程度上丰富了我们的文化。然而，表象之下，你仍然只是芸芸众生中的一员，一个血肉之躯，一个有着特定本能和需求、结构复杂的哺乳动物。

从某种程度上说，你虽然正在派对上狂欢，但是潜意识中，却存在着一种紧张感。在新鲜事物和爵士乐的掩饰之下，涌动着太多的刺激和极快的变化。你恐怕只是在表面上大造声势，而潜意识中却已极度紧张。假装这种紧张不存在，的确是最容易的事。

然而，潜意识总会浮出表面——而且来势汹汹。一直潜伏的紧张感逐渐或者突然浮出，表现为身体上的不适和精神上的痛苦——背疼、头痛、路怒症、暴力、压抑、倦怠、胃溃疡、中风等。30岁后患上的大部分疾病，其实都源自某种紧张的情绪，导致血液不通，呼吸不畅，激素分泌失调。

与此同时，外界的危害也乘虚而入，同样也是来势汹汹。通常情况下，对于可怕的事，人们总是采取逃避的态度，然而逃避是要付出巨大代价的。2001年9月11日发生的事，对美国和西方国家的人们来说，所造成的最大损害应该是心理上的巨大创伤，人们对于安全的幻想也破碎幻灭。这座固若金汤的安全城堡，曾经看似如此安全稳定，然而，一夜之间，就这样被击碎。没有人是安全的。

人类已在许多方面取得成功：寿命得以延长；生育确保安全；生活环境干净卫生；治病药品推陈出新。然而，即使这样，我们依然会面对诸多天灾人祸，如核武器和生化武器、环境灾难或者艾滋病的威胁。即使你在闹市的购物中心愉快购物，也存在一定的安全隐患。

假装生活始终安闲舒适，不仅是十分幼稚的行为，同时，在心理上也是不健康的。因为表象之下，你清楚地知道，危险无处不在。绝对的稳定与安全是一座海市蜃楼。生活本来就是悲剧不断。

自然力不可小觑，仅仅通过地震、风暴、干旱以及瘟疫就能动摇和摧毁世间的一切。疾病和死亡，也有可能会突如其来地发生在你或者你所爱的人身上。本以为是海枯石烂的感情，也有可能遭遇背叛。政治动荡、经济恶化都有可能在一夜之间导致翻天覆地的变化。奋斗一生所积累的财富有可能瞬间化为乌有。盗贼、法西斯分子和恐怖分子一直潜伏在黑暗中，蠢蠢欲动。

勇敢地面对现实，你就知道，不能依赖我们以为很可靠的事物。生活本来就是变动不居的，人们是没有能力控制生活环境的。有可能你竭尽一生所打拼到的美好生活，顷刻间，就被一些你完全不可控的因素毁灭。

本书基于客观现实，就生活中可能会面临的艰难困苦，提出切实有效的应对方法；同时，还能帮助你获得安全感，变得强大自信。

内心强大自信的源泉

那么,你怎样才能获得真正的安全感呢?我相信,如果人们能够遵循下面的简单准则,自然而然就能获得安全感,树立自信心。

我们的身边,拥有这种内在力量的榜样比比皆是。那些优秀的父母、管理者、朋友、老师、领导、同事和武术大师,他们有什么共同点呢?他们懂得,在面临困难时,要坚定刚强、积极乐观、敏锐机警。在你的生活中,你的家里或学校里,工作中或者比赛中,哪些人具有这种特质,你一定一眼就能看出。

我的第一份工作是在一家很大的出版公司,公司里有两个人,让我至今记忆犹新。

其中一个是一位女士,工作就是为大家端茶送水。另一个人是董事会的一名董事。一看到送茶水的女士过来,大家一个个都笑逐颜开。就算那些性情暴躁和怒气冲冲的人,看到她过来发送饮料和饼干,也都会放松下来。如果哪个人情绪不好,她会先仔细地观察他,然后再决定,是和他开个玩笑，还是静静离开。她天生就充满智慧，镇定自若。

那个董事也是如此。他所在的位置，每天都要做出无数既重要又艰难的决定。他常常需要对别人说"不"，但是他总是能以友好的方式处理。我参加了几次董事会，时间超长，人人坐立不安。而这个董事始终沉稳冷静，即使面对带有攻击性的挑战，也不慌不忙。同样，镇定自若。

此外，这两个人之所以与众不同，还在于他们性格中无意识散发出的热情和温暖。特别是在面对困难麻烦时，这种热情温暖更加凸现。在危机面前，他们尤其坚强和勇敢，能让身边的人也感到安全。

像这些人一样，许多人都能在艰难困苦面前保持坚强和乐观的心态。即使身陷恐惧和苦难，他们也能保持良好的本性。你一定见过这样的人。他们是怎么做到这一切的呢？可能科学家们会在他们的身体中，发现一种镇定自若和慷慨豁达的基因吧，但我深表怀疑。

优秀的武术大师们也能在困难面前表现得镇定自若。最伟大的武术家，是那些根本不会通过武力，也不需要使用武力而取胜的勇士。他们由内而外所散发出来的安全感就足以"震慑"对手。这样的勇士内心安全感十足，坚信任何争斗都是没有必要的。

即使面对一千个敌人，武术大师也能傲然面对，泰然处之。这样他就能眼观六路，耳听八方，感知一切。他知道他也可能会战死。然而，由于其内在力量如此真实强大，以至于面对死亡依然镇定自若。而你，同样也能获得这种内在力量。

一个寒冬腊月的晚上，在伦敦的郊外，我曾看见一个怀着7个月身孕的美国女性，展示出了这种内在力量。当时她正穿过停车场，朝一幢大楼走去。她是去见她的英国驾考考官。对于英国在左边开车的方式，她感到很紧张，焦虑感也倍增。然而，考试前，她完全稳住了自己。进入办公楼前，她停了下来，转身看了我一眼。然后，高高举起拳头，大喊了一句："自古英雄谁无死！"然后，傲然走进了她的战场。柏油路上回荡着她坚定的声音。

我笑了，被她的态度深深地打动。她在需要时，完全掌控住了自己内在的化学反应。毋庸置疑，她最终通过了考试。

虽然，参加驾照考试不同于应对暴力或恐惧，但人们在这些情况下的感受和行为是相似的。我接触过一些大使馆的工作人员，他们对于自己的情感和才能，如此坦诚，让我感到和他们相处轻松自如。他们中很多人都说，与对付问题青年或跋扈的父母或老板相比，处理恐怖袭击反而要容易得多。显然，人们对于困难的敏感性，也是因人而异的。

在艰难困苦中，依然保持坚强博爱的心态，是一种良好的性格品质——有的人，似乎天生就具备这种品质——但是，即使天生没有，也可以通过后天而习得。获得安全感的方法和理念，简单自然，易于实践。我亲眼见证许多人在这方面获得了成功。

我认识一个人，长相英俊潇洒，坚持通过健身保持体型。然而，他在生活中却遭遇爱情失败与事业失利的双重打击，这让他心灰意冷。由于他缺乏安全感和应对困难的能力，无法掌控并引领自己的生活，从而成为一个受害者。不过，后来他学会了如何让自己拥有安全感，并建立了强大的内在核心。有了全新的开始，他首先将自己解脱出来，结束了与伴侣之间的恶性循环，然后，鼓足勇气投入了新的事业之中。

还有一位女士，是一个培训组织中的高管，她看不惯组织高层中的政治内讧、自私自利以及钩心斗角。这一切源于组织中的一个创始人，这个人至今还管理着这个组织。连续三年，她都是忍气吞声，紧张焦虑，完全没有安全感，同时又优柔寡断，不知该怎么办。因此，她时而委曲求全，自怨自艾，时而气急败坏，举止粗鲁。

学习了"拥有安全感"中的方法理念后，这位女士变得沉着冷静，也具备了统揽大局的能力。有了自信心、决心和勇气，她决定对组织进行整改，并与老板谈判。结果，这个老板刚愎自用，根本听不进任何建议，其他高级主管也和他一样顽固不化。她已经尽力了，因此也没有什么遗憾或者不甘。于是，她毅然决然地离开了组织，到了新的工作领域，全力施展自己的才华。

实话说，这些技巧和方法对我的生活也产生了巨大的影响，使我获得了无限的快乐。对我而言，这就是我想要的成功。我希望，这些技巧和方法，在你的身上也一样行之有效。

2

安全感的构成

了解身体、情绪和能量地图

首先，安全感不是你脑海中的一种想法。也不是随时就能涌现的好主意。如果你感到安全，你的身体中就有安全感。安全感是实实在在存在的。有了安全感，你就会感到放松舒适，灵活自由，沉着冷静，同时坚定强大。

我们先来看看，缺乏安全感有些什么样的症状：

- 手心出汗
- 肌肉紧张
- 腹痛
- 口干舌燥
- 头疼
- 全身僵硬
- 坐立不安
- 胸闷气短
- 双拳紧握
- 结结巴巴
- 忐忑不安
- 腹泻
- 无法动弹，几近半瘫
- 不停眨眼

- 痛哭流涕
- 诚惶诚恐
- 筋疲力尽
- 汗毛竖起

缺乏安全感时,人们的身体会产生上述一种或多种症状,并对他们的情绪和行为产生巨大影响。如,有的人,平时看着十分沉稳冷静。然而,当他们参加面试的时候,却会顿生紧张情绪。由于情绪难以自控,同时又想极力维护个人尊严,于是紧张得全身出汗、双手发抖、口干舌燥、双唇颤动,还发出古怪的声音。

这样的身体反应令人懊恼,对个体产生很大影响,主导着个体的情绪、思想以及行为方式。随着这些症状在身体中不断膨胀,身体也就产生一系列连锁反应。你可能会变得咄咄逼人或者小心翼翼,感到羞怯、害怕、自怜、脆弱、愤怒、自卑、恐惧、多疑,语言浮夸或者闪烁其词。

有的人在找银行经理申请贷款前,对自己的言行都做好了充分的准备。然而,正式会面时,却无法控制自己的身体反应,说话变得语无伦次,离开时也是一路倒退着,好像是从哪个伟大的君王面前退下。我认识的一个女士,一到正式场合就紧张不已。有一次,她紧张得竟不小心坐到了一张咖啡桌上,把一袋薯片压得粉碎。

这一切的发生，均源于身体内的化学变化和各种感觉的影响。不愉快的身体感觉会侵袭你的情感和思想。这也是为什么有的人会服用抗抑郁的药剂——其中包括酒精和咖啡因——来振奋精神。这些麻醉剂能改变他们身体中的化学反应。服用后，身体感觉好多了，因此，情绪就好多了，心情也好多了，脸上也有了笑容。但是，实际上，他们的这种行为，只是通过麻醉自己，把一大堆事情向后推延了而已。

我记得，有一个极度缺乏安全感的人，服用抗抑郁药物"百解忧"之后，精神大振。有了这种新获得的自信，他决定去蹦极——但是他体重超重，而且已经50岁了——他要从伦敦中心的泰晤士河的高架桥上跳下去。脚上系好安全带后，他没有像其他人一样头朝下地向下跳，而是脚朝下地掉了下去。他在空中摇摆了许多下，结果，身上被撞得青一块，紫一块，脊椎错位，几个月后才痊愈。后来，他告诉我说，决定去参加蹦极时，感觉特别好。抗抑郁药物让他感觉过于安全，超越了现实。

这也就说明，安全感是建立在真实的身体感觉之上的。身体感觉紧张和焦虑时，就会产生恐惧感和焦虑感。而要获得安全感，身体上就要有放松和幸福的感觉。

如果你真正地感到了安全，就算你身临困难与危险，你也不会感到心慌害怕。你可能会突遭他人的袭击，也可能身陷麻烦或危险，但你的身体始终是处于放松冷静的状态。只要你的身体永葆这种舒适放松的状态，积极乐观的情绪和富有建树的思想也就有了根基。你也能始终展现出最好的自己。

安全感是实实在在的血与肉的问题，绝不是什么抽象的学术问题。

情绪与心态对身体的影响

情绪对身体的影响,并不是始于身体,继而在心理产生涟漪,而是一个双向的过程。难过的情绪或压抑的心情都会影响你身体中的化学反应。如果你持续数月或数年,在情感上和精神上感到紧张,那么最终有可能导致身体上的疾病。

成百上千的人患有关节炎、风湿病、中风、胃溃疡等疾病,准确地说,根源都是由于长期的心理紧张对身体造成的影响。

实际上,当代医学中的一项前沿研究就涉及思想和情绪对身体中的化学物质和健康的影响。神经科学、内分泌学和心理学融汇在一起,就形成了一门新的学科,称之为心理神经免疫学(PNP)——在医学领域,人们发现了心情、情绪和身体中化学反应之间的准确联系。

中世纪欧洲的医生已全面意识到心理化学反应与个人性情之间的联系。他们认为一个人的整体性格是由体内的某种液体决定的。

他们认为,人体中主要有四种液体,分别是血液、黏液、黄胆汁和黑胆汁。只有这四种液体在体内保持平衡，人们的身体才能保持健康。如果一个人的性情过于忧郁，那么身体就很难保持健康。因此，我们不仅要善待我们的身体，还要改善我们的性格。

这也是中医疗法和灵性疗法养身健心的方法。心情与身体之间的联系绝对是至关重要的。我们的情绪变化会对身体中的化学物质产生深远的影响，反之亦然。

荷尔蒙的神奇魔力

当你感到安全时身体内所分泌的激素，与你感到危险时身体内所分泌的激素完全不同。

如果你感知到某种刺激，或者感受到害怕，你的身体就会自动分泌出肾上腺素和皮质醇。肾上腺素是人们在受到某种刺激时分泌出的一种激素，能让人产生快速反应。人们常说，肾上腺素会使人们产生三种身体选择：逃避、恐惧或反抗。如果肾上腺素不能通过某种行为消耗殆尽，就会转化成紧张害怕的情绪。皮质醇是引发身体紧张的激素。同时分泌这两种激素，就会导致身体处于极为恶劣的状态，产生紧张和焦虑的感觉。

有的人一生都生活在紧张和害怕的情绪之中，甚至还会出现恐慌症。不夸张地说，拥有安全感的表现与这完全相反。

如果你感到平静、自如和快乐，身体中就会分泌内啡肽——一种"神奇的激素"。这种激素是身体内自带的天然"吗啡"或"鸦片"，能使人产生快乐和幸福的感觉，同时这种激素还是一种止痛药，并且还能增强人体的免疫力。

一个身心健康的人，体内就会持续不断地分泌出内啡肽。由此人们身体内所产生的化学变化，能使人保持良好的行为态度和心理健康。

只有身体中分泌的皮质醇和肾上腺素的数量减少，而内啡肽的数量增加，个体才有安全感。通过善待自己的身体，控制自己的情绪和情感，再加上一些轻松易学的技巧，你就能控制自己身体中的化学变化。

假如你的身体是一口大锅，你是想在里面炖煮助力紧张情绪的电池酸液，还是想烧一锅热水，洗个舒适的热水澡呢？你是想在锅里放入满满的美好，还是烦心的事物呢？生活又会为你在里面放入些什么？你的生活态度又会往里面添加些什么呢？

请对比一下，一个有着紧张、愤怒、沮丧或对很多事情耿耿于怀的人，和一个宽宏友善、幸福快乐又放松自如的人，他们之间的肢体语言有什么不同。一口装满冷冰冰的电池酸液的锅和一个热气腾腾、舒适的澡盆，你会选择哪一个呢？

真正地拥有了安全感，你也就具备了控制身体内化学变化的能力。

你身体里的化学状态——无论是酸性的紧张感还是美好的幸福感——都会影响到其他人。不仅是你的行为和态度，还有你身上的气味或气场，都会影响他人。众所周知，狗和其他一些动物能够嗅知恐惧。我确定，人类也能感知到他人内心的恐惧或者安全感，据此采取相应的对策。你的恐惧感与紧张感也会触发他人恐惧和紧张的情绪。同样，你的安全感和幸福感，也会令你周围的人感到舒心放松。你是否观察过，一个脾气暴躁的主管走进办公室时，大家一个个手足无措的场景。

拥有力量和勇气

看见母狮子和她的小狮子玩耍时,你一定要敬而远之。因为,只要母狮子感觉到你对她的孩子存有一丝的威胁,就一定会兽性大发,保护自己的孩子。这也是大多数父母保护孩子的本能反应。

力量和勇气是人类与生俱来的,只不过一般都处于休眠状态,等待你需要时,将其唤醒。大部分父母都有过这样的体验。究其根源,可能是物种为了确保生存的一种自然本能。

因此,安全感并不仅仅意味着在危险面前表现的镇静自若,还意味着你需要勇敢强大,时刻准备战斗。当你的孩子有危险时,你决不会坐以待毙,而是誓死相护。

面对危险时,你需要施展自己的力量,像一头狮子一样勇猛。这种力量和勇气首先并不是指身体上的高大强壮,也不是指拥有拳打脚踢的功夫,而是道德素质和情感品质,是你性格中的一部分。有的人,天生就强大果敢;而有的人,则需要通过后天的努力让自己变得强大。

同样,在生活中,你一定也认识一些具备这一特质的人。

遭遇失败或挫折时，他们不会退缩逃避。特里莎修女①就拥有这样的品质：不使用任何武力展示出强大的力量和非凡的勇气。一个弱不禁风的修女，在情感上、心理上和道德上所显现出的力量和勇气，要高出一个体重近150公斤的摔跤手上千倍。

人们总是处理不好压力问题，是因为人们虽然懂得如何宽容，但是却不知道如何就欺辱设定清晰的底线。如果你太宽容，太易屈服，人们则更易对你肆意妄为，这样反而会给你带来更多的压力和焦虑。

有时，你需要采取一定的武力行为。当你看到你的孩子——或任何一个孩子——受到虐待，你能不使用武力进行制止吗？同样，在一些其他的特殊情境下，你还需要采取一定的武力，迫使一些人远离你。当然，这样的行为究竟是正当的，还是只会恶化情况，全靠个人的判断。无论如何，任何时候，你都需要奋起抗争的勇气，这也是一种生存的技能。

同样，在适当和必要的时候，你还需要具备情感和道德上的力量。当别人闭口藏舌时，你勇于直言不讳。

我希望你培养并感受到的安全感，就包括这种能力，即在必要时，保持道义上的强大、勇敢和问心无愧。

---

① 又称作德兰修女，是著名的天主教慈善工作者，主要为印度加尔各答的贫穷者服务。因其一生致力于消除贫困，于1979年获得诺贝尔和平奖。

敏锐机警、豁达开朗、善待自己

具有安全感的人，在关键时刻总能保持头脑清晰——即使在面临个人危机时，也是如此。他们敏锐机警，但是同时又能全心投入并且有所作为。情感上，也表现得一样强大自如。

哲学家和武术大师们通常都会传授做事敏锐机警的必要性。现代心理学家明确指出，保持心理健康，最重要的就是，具备对自己和周围世界敏锐机警的观察能力和判断是非的能力。这种能力能够使我们的内心稳定，同时还有助于平衡我们的神经系统和激素系统。

如果不具备对自己审时度势的能力，以及判断轻重缓急的能力，是不可能培养或维系安全感的。

有的人，凡事喜欢小题大做，动不动情绪失控，自怨自艾，完全无法掌控身体内的化学变化。而有的人却能处事冷静理智，能够了解和掌控自己的情绪变化与身体内的化学变化，他们性情温和，处事张弛有度。

这种以理智的头脑、温和的性情来掌控生活和自身行为的能力，也是一种重要的生活技能。有了这种生活技能，你就能使自己变得睿智豁达。如果你无法应对生活中形形色色的刺激，无法掌控自己的情绪、自己的追求和人生，对于周围的繁杂琐事习惯于小题大做，那么你永远也不可能获得安全感。这些行为只能令你愈发缺乏安全感，更加焦虑，表现得更加慌乱。

温和的性情和敏锐的思维，才是获得安全感的基础。之所以会产生危机、出现危险以及内心的百味杂陈，其中的一个原因就是你不具备全面看问题的视角。你忘记了身处何处，价值观迷失，看不到生活中的美好幸福。但是，若是你能开启你那温和的性情之键和敏锐的思维之键，将自己与各种难以应对的困难分离开来，就能看清全局。无论生活看似多么不尽如人意，视角放宽，自然就能发现生活中的美好。

如果你遇事能够镇静自若，同时又敏锐机警，你就会变得积极乐观，并获得幸福，进而对生活充满热情，因为你将注意力从那些无休无止的烦恼中转移开后，就能发现生活中的各种美好。你可能会想："现在的世界，都有可能因为环境问题或者恐怖袭击而毁于一旦，活着还有什么意义？"答案很简单，你若是迷失了自我，或者每天忧心忡忡，你永远也解决不了这个问题；但是如果你能够不断地发现生活中的美好，那么生活就充满了智慧和希望。你可能又会问："如果一个人总是活在困苦或恐惧中，活着还有什么意义？"答案同样很简单，面对恐惧，镇静自如，敏锐机警的生活态度恰恰能让你保持理智，克服难关。

在无数次生死攸关的情况中，只有保持镇静自若，积极乐观的人才能渡过难关，这个过程同样也会激励他人。假如你走进一家医院的急诊病房，仔细观察那里的医生护士，你一定会发现谁是效率高、能力强的医护人员。显然不可能是那些悲观主义者，或者总是像个没头的苍蝇一样四处乱转的人。成功的医护人员是那些主次分明，懂得轻重缓急的人。愿上天保佑那些冷静、果敢、善良，前往各种灾难现场的救护人员。

只要你敏锐机警，坚信生活中的美好，那么对于正在经历的任何艰难和困苦，你都能以一种良好积极的心态应对。这一点至关重要。有时，生活中的痛苦会让你震惊、愤怒和难过，这些情绪都是正常的，也是每个人自愈必经的一个过程。但是，如果你有了良好的心态，并且懂得善待自己——不仅是善待他人——你很快又会回归理智，重获安全感。

许多在护理行业工作的人，很擅长照顾他人。他们不仅方法得当，还懂得如何鼓励他人。但是，他们的一些人却根本不会照顾自己，最终，常常因为精疲力竭而倒下或崩溃。与之相反，我也认识一些护理者，在整个护理事业中，他们都能做到性格开朗、精力充沛。这些人的共同之处就在于，他们懂得如何照顾自己，他们知道什么时候休息什么时候工作，懂得劳逸结合，懂得切合实际地善待自己。

掌控个人的能量场

拥有安全感的另一个重要特征——能量场强大,防线明确。如果你不熟悉灵性疗法和中医疗法,能量场对你来说可能就是一个全新的领域。每一个生物的身体中都存在着微妙的能量,其中一部分是电磁能——海鳗就具备电击的能力——还有一部分是活力,也就是阿育吠陀医学[①]中所称的"能量"和道教中所称的"气"。如果你的能量场——西方国家称之为"气场"——缺乏活力,或者气力不足,你就会受到其他能量、氛围和气场的影响,甚至被消耗殆尽。

健康的身体,宽容的气度,乐观的心态,链接到生活中的美好,就足以保证你的个人气场坚固安全,牢不可摧。即便如此,有时你仍然需要采取一些策略,有意识地加强你的能量场。在第五章和第六章,你会学到一些关键理念和技巧,帮助你轻松掌控并增强你的能量场。

强大的能量场对健康有着极大的益处。很多人,都有过被他人或环境折磨得疲惫不堪的经历。这种心理上的压抑,

[①] 阿育吠陀是梵文音译,意思是生命的科学。阿育吠陀医学不仅是一个医学体系,而且代表着一种健康的生活方式。

再加上身体上的疲惫，显然不是获得安全感的良方。

你若能量场强大，你周围的人也能因此受益。如果你自己能量场强大，安全感十足，你会将这种安全感传递给身边的人，你有了安全感，感到幸福快乐，这样对于周围的人也是一种福音，就如消极的氛围或场所会给你带来负面影响一样，你的气场也会影响其他人。

如果你的神经系统负荷过载，能量场力量不足，你就会吸取身边人的能量或者让他们产生紧张感。我曾见过一些本来十分优秀的团队，仅仅因为一个人精力不足，性情暴躁，而导致整个团队士气低下，缺乏信心。

近30年来，我一直致力于教授应对这类挑战的技能，所以我深知这类情况在生活中是真实存在的。我遇到过无数优秀男女，因为他人的负面气场而精疲力竭，有时甚至痛不欲生。如一位在市区工作的教师，因为这样的原因，不得不提前退休，花了5年的时间才恢复精力；还有一位执行总裁，他自身的能量总是被生意中满载负能量的人消耗怠尽。

能量场和气场的概念对你来说可能还是全新的理念。但是，我可以肯定地告诉你，这一研究领域已被认为是灵性疗法和中医疗法的核心。对于双眼失明的人来说，感受能量场的能力尤其灵敏，成为一种可靠的第六感。但是，即使你没有双目失明，当你的孩子、父母或老板情绪低落时，你也能感受到他们的能量场。这些感觉一定是充实饱满的。同样，即使完全不相信能量场理论的人，也不会购买或者租用一套感觉有问题的房子。实际上，人们在寻找新房子时，首先考虑的就是房屋的氛围问题。当你走进一个酒吧，本能地感觉到酒吧的氛围剑拔弩张时，你的能量场就会引导你离开那里。

结论——通往安全感之路

诚然，内在安全感的形成，是多种因素相辅相成的结果，但是其中最重要的还是身体感觉良好无恙。

这种感觉源自你身体中的化学反应，如果身体中的化学反应稳定，即使面临危险或者危机时，你也能冷静沉着，于是，当你应对日常生活中的各种危险困难时，你始终能够保持镇定自如；而焦虑时，你的身体反应与之完全相反，可能会全身出汗、浑身发抖。

身体感觉良好，对你也会产生巨大的积极影响，使你从内心感到安全舒心。在突遭情绪变化时，你不至于情绪失控，迷失自己，而是镇定自若，信心十足，并且富有创造力，曾经会触发焦虑、自我防御或者敌意情绪的事情，此时，也如鸭背上的水，不除自退。

不过，你需要谨记的是，你的精神和情绪状态对你身体内的化学反应具有实在的影响，需要合理控制。心理上的压力和悲观的态度一旦在你身体内沉淀，就会触发导致焦虑的激素，造成紧张的情绪。如果长期处于这种状态，就会对你的身心健康造成伤害。

拥有安全感的人，慷慨豁达，坚定强大，并且英勇果敢，敢于捍卫自己的价值理念。困难时，他们能够保持头脑冷静理智，对于生活中的起起伏伏，总能敏锐机警，不急不躁，特别是在危急时刻，他们能够分清轻重缓急，纵观全局，始终链接生活中的美好。

同时，他们还有一个强大沉稳、防线分明的能量场，好像能散发出一种无形的能量，让别人也能感觉到安全。拥有安全感的人，不仅自己的内心积极乐观，对自己身边的人来说，也是一种福分。

3

经营好内部世界的化学反应

建立起积极感受的宝库,以应对未来挑战

一个人面对危机困难时，身体会出现发抖、紧张或者出汗的症状，因为此时，人身体内的化学物质发生了变化。人们之所以会产生恐惧感或者紧张感，是因为他们的体内充满了引发这些反应的化学物质。恐慌症或者紧张感都是由体内的一定化学物质引起的。

若想拥有安全感或者良好的感觉，你就要成为自己体内化学物质的主舵手，将身体这艘大船驶离那些引发恐惧感的化学物质或者激素，驶向那些能够激发美好感觉的化学物质，尤其是面临危机时，你更需要发挥这种能力，并将这种能力保持一生。

转化过去的恐惧

一般情况下，对于自己体内的化学物质，你有两种选择：要么将身体变成一口盛满冰冷电池酸液的大锅，不断分泌出肾上腺素和皮质醇，引发恐惧感和紧张感的激素；或者使身体成为一个舒适的热水盆，分泌出让你感到幸福、变得自信的激素，这种激素叫内啡肽。本书前面提到的那些小猴子，幼小之时，被剥夺了母爱，一生都生活在焦虑恐慌之中，它们的神经系统和内分泌系统被种种不安全感所冻结。而那些从小得到母亲精心呵护的小猴子，其神经系统和内分泌系统都得到了良好的发展。

显然，如果你的体内充满了激发积极乐观情绪的化学物质，供你随时取用，那么，将来无论遇到什么样的困难和挑战，你都能够自如应对。因此，你的目标之一就是要保证体内不断分泌出激发安全感的化学物质，并以此作为一种持久的生活态度和生活方式。你必须设法让自己的体内分泌能够让你产生安全、自信、积极乐观的化学物质。你一定要清空或者转化过去积留的那些激发焦虑感的化学物质，代之能激发积极乐观的化学物质。

因而,你首要的任务就是,学会管控体内的化学物质。要做到这一点,你就要对自己体内已有的化学物质一清二楚。你的身体里留存的是什么样的化学物质,对于过去所经历的恐惧和创伤,身体里的细胞依然记忆犹新,不断分泌着让你感到紧张的酸性化学物质,这一点,你可能并没有意识到。如果有什么事情让你感到害怕或者烦恼,你的身体本能地就会进入一种攻击—防御模式。在你试图采取补救措施时,你的肌肉就会紧张起来。除非你能够消耗掉所有的张力和肾上腺素,并且使身体完全放松,否则你身体中的细胞仍然会留存一些恐惧感。过去的恐惧仍然留存于你的细胞中。

观察一下,一只狗或一只猫,在感到害怕时的反应:他们很快就会全身发抖,燃尽体内的肾上腺素,释放紧张。之后,这只狗或者猫会伸个长长的懒腰,然后悠然自得地离开。接着,它会再次伸个懒腰,蜷缩成一团,完全放松下来。动物所具有的这种本能,能够卸载引发恐惧感的化学物质。

你害怕时,可能不会像小狗或小猫一样,全身抖动,然后伸展全身,再蜷缩成一团——因为最初引发恐惧感的化学物质仍然留存在你的细胞内,有时还会朝你咆哮或吱吱作响。最初引发恐惧感时所分泌出的激素,仍然留存在你的身体里。你过去的焦虑感仍残留于身体中。这种紧张的身体环境,极易滋生和发展出更多的焦虑、急躁和愤怒。

这是一种可怕的恶性循环。如果你的体内已经存有紧张的记忆，那么，当你再次面临危机时，这种紧张感很有可能再次浮现，因为紧张感一直留存在你的体内，一触即发。你一定知道，那些生性多疑和受过创伤的人，总会在无意间再现过去所经受过的伤害。这让我想起了一个母亲，她在学校操场等着接孩子时，和其他的家长闲聊起来，但是她聊的都是一些令人忧心的话题。她的这些话题，让其他人感到非常不适，结果不难预测，最后她和其他家长吵了起来，还指责他们太恶毒。其实，是她自己一直深陷在自己的恐惧循环之中。

与她相反，我还记得一位市政议员，自信不疑、宽厚善良，总能看到事物最美好的一面。即使与他政治立场对立的人，对他也是心悦诚服。他当过学校主管。有一次，学校要招聘一名副主管。但是，经历了两天紧张的面试程序后，还是没有选出合适的人选。面试小组的成员们一个个疲惫不堪，失望至极，变得急躁不安，而这位当时的主管却和颜悦色地说："这就是民主所要付出的代价，但是十分值得，对吗？"大家听完这话，又都振作起精神来。这位学校主管体内储存着能够激发积极乐观情绪的化学物质，对他人也产生了积极的影响。

因而，将体内留存的、陈旧又悲观消极的化学物质，进行融化、中和并转化，这一过程至关重要。你需要从冰冷的电池酸液中走出来,沉浸于温暖舒适的热水盆中。如果你身体内天然的镇静剂能够重新流遍你的整个身体,那么过去的创伤将得以治愈,以后,你也不太可能会再感到紧张、焦虑和害怕了。

好消息是,激发身体分泌出天然的镇静剂,是非常简单容易的。任何让你感到愉悦的事,都能激发身体分泌这种天然的镇静剂!

适时暂停并转移注意力

一想到美食,是不是会立即流口水?想到性感的事物,你的身体是不是自然会产生生理反应?无论你相信与否,你体内的化学物质,本能地就会对某些因素产生反应。因此,你的大脑必须学会管控这些身体内的本能反应。

自我管控,是教育和自我发展的重要目的之一,即具备引导自己体内化学物质的能力和智慧。小的时候,有大人引导我们,照顾我们。长大成人之后,我们渐渐独立,思想也日渐成熟,这个时候,你的大脑就是身体的家长和监护人。但是,你的大脑,如何能够以良好睿智的方式管控好身体中的各种本能反应吗?印度教的重要经典《薄伽梵歌》①中,把这一过程比作驾驭一匹野马。驾驭者就是你的大脑。

人类的神经系统和心理反应都是极其复杂的。无论你呈现出怎样的外表,你的心中都有一个既独特、丰富,但常常又很痛苦的过去。无论你是谁,也无论你的年龄大小、地位

---

① 印度教经典之一,为古今印度社会中家喻户晓的梵文宗教诗。它是唯一一本记录神而不是神的代言人或者先知言论的经典,共有700节诗句。

高低，都会有难以驾驭的情绪和反应。某个人或者某些行为，都有可能触发你的一些无意识反应。人们潜意识中的记忆是漫长持久的。

想象一下，一个漆黑的夜晚，你独自行走在一条又长又窄的小巷中，突然看到不远处有一个黑色的人影，你会不由自主地感到害怕。然而，触发你害怕心理的并不是那个黑影，而是你自己的思想。当你走近黑影时，会发现原来什么都没有。

最极端的情况下，你可能会沦落为自己思想的囚犯，成为一个受害者——即使根本不存在危险或威胁的情况下，你也会疑神疑鬼。由于你身体中留存着过去的恐惧和紧张，你看待任何事物时，紧张感都会被放大。你会无意识地将心中的焦虑感投射到你身边的所有事物上——你的工作、家庭、关系、装扮以及所属物品等。但凡任何一件事出现了问题，你都会感到难过，甚至痛苦。于是，你开始抱怨周围的一切，殊不知，这样的压力实际上是来源于你自己的内心。从某种程度上说，人人都或多或少地有过这样的经历，特别是在疲惫或压力极大的情况下。

这是一种非常强大的模式。压抑的生活方式是过去所受的伤害、无意识残存下来的记忆、体内的化学物、你的情绪以及你的心态共同造就的。

佛教中有一条真谛，对人们进行自我管控十分有用，即

"人生来就是来受苦的。此苦,并非苦难,实为苦恼"。当你感到沮丧压抑、情绪低落时,一般情况下,有两种选择。第一种选择是,你可以始终耿耿于怀,在小题大做或疑神疑鬼中迷失自己,你还可以自怨自艾,纵容电池酸液遍布全身,再激发出更多紧张压抑的情绪。第二种选择是,让自己沉着冷静,学会诙谐幽默,懂得分清主次,让自己头脑理智,身体放松。

身与心之间存在着紧密的联系。紧张的情绪会激发身体分泌更多的酸性化学物质。而敏锐警觉的情绪则能够平复这种酸性化学物质,使身体中的液体达到平衡。

在我们的身体中,有意识与无意识、糊涂与清醒之间不断地展开着拉锯战,要么迷失自我,要么清醒理智;要么失去控制,要么掌控一切。如果说你的身体是一辆车,那你的大脑就是驾车的司机。当出现紧急情况时,你的大脑需要更加细致机警;危急时刻,你的大脑尤其需要保持清醒理智,以免迷失自己。

因此,敏锐机警是大脑所具备的伟大天赋——一种不被恐惧控制,以及不被相应的化学物质压垮的能力。当你误入过激情绪的迷雾中,或身处几近失控的危险之中时,你应适时暂停,注意观察自己发生的变化。

主动开启自我观察的开关,也是一种技能。你要学会适时暂停,远离那些能触发负面情绪的各种刺激。实际上,这就像开电视或唱机一样容易,只不过需要一些自制力和意志力,并要时刻保持头脑清晰,不被情绪和本能反应所左右。

当然,你可能仍然会有生气、急躁、妒忌、压抑、害怕、消极的情绪,但是如果你懂得适时暂停——试着从一数到十——反思自己情绪的变化,很快,一切又能回归于你的掌控中。自我反思、自我管理的过程将赋予你强大的个人能力。这样,你的心态与体内的化学物质就能形成一个良性循环。

然而这并不意味着你就可以忽视身边的危险信号,也不是说你就应该忽视自己的本能反应和受到的压力,而是通过一定的意志力,做出明确理智的决定。实现自己主宰自己的生活、自己的感受,这样你的生活才是健康有益的,也是明智自由的。

体内的天然镇静剂

大多数人都知道,性爱能给人带来不同程度的快感。有的人只能获得少量的快感,而有的人却能体验到极乐忘我的感觉。

身体所获得的快感,实际上是来源于内啡肽的释放——身体自动分泌的"吗啡"或者"鸦片"。上述第一种情况,是因为你的体内只分泌出少量的内啡肽,即体内天然镇静剂。第二种情况中,你的体内充满内啡肽。

当你成功地接好一根水管时,你所获得的快感和满足感,是由少量内啡肽引起的。如果你闭上眼睛,想一下你最喜欢的事物——最喜欢的地方、人、事、动物、味道、颜色等——你就能感受到内心的快感。这种快感也是来源于体内分泌的内啡肽。

多年来,我调研了许多人,要求他们写出让他们感到快乐的因子——他们所喜欢的事物——每个人的答案都大相径庭。大部分人都喜欢花或者咖啡的香味,而巴黎地铁中的味道,赛车道上疾驰的摩托车散发出的汽油味,可能也会触发某些人体内的天然镇静剂。我团队里的一些人，有时会因为想到某些愉快的事，而情不自禁地笑出声来，但是却从不告诉我是什么事！

这就是问题的关键所在。如想让自己的身体时刻保持平静，并具有安全感，最长效的方法就是让自己的身体不断地分泌这种能使人镇静的激素。触发这种激素的分泌，最保险的方法就是要自我享乐。由此，我们也就得出一个必然的结论，获得安全感，首先需要快乐的生活。

当然，对那些顽固的坚忍克己者来说，这一结论无疑是难以接受的，因为他们坚信享乐对人是有害的，会削弱人的意志，腐化人的思想。然而，现实是，沉浸于内啡肽的身体，能为力量、灵活和耐心奠定坚实基础。

通过愉悦的思想、活动来触发体内天然镇静剂的分泌，对那些正处于严重危机、丧亲之痛或其他重大痛苦中的人来说，听着似乎有些不现实或者不适用。如果，这就是你此时的现状，我对你深表同情。但是，我向你保证，很快，生命体所共有的生命力、自然活力、自我康复力都将重回你的身体中——通过一定的引导，快乐又会现身于你的生活中。

如何触发内啡肽的分泌

现在问题来了，我们如何才能促使我们的身体分泌这种神奇的激素呢？那就是沉浸于快乐之中！快乐对你来说一定是大有裨益的。快乐是人类最自然的状态，这很容易解释。下面有两种选择，请你从中选择其一：一是整个晚上，做自己喜欢做的事。二是把眼睛戳瞎。毋庸置疑，你会选择第一个。正如河水最终汇入大海的道理一样，人们都愿意做自己喜欢做的事。这也是一种本能。

触发身体分泌出内啡肽，将悲观消极的化学物质转化过来，最有效的办法就是，先花少量的时间享受快乐，然后再将这种快乐强化、延长并深入。当人们惬意地洗热水澡时、享受按摩时、吃美味大餐时、躺在沙滩上休憩时，身体就会自动分泌出给你带来快感的内啡肽。特别是当你不知不觉深入放松时，你就会感受到神奇的一刻，身体中好像有什么被释放出来了。大量的紧张感从身体中蒸发，你自然就沉浸到了快乐之中。许多人在性爱的过程中就会有这种感受。性爱过程中，爱人们会突然暂停一会儿，动作变得缓慢，让快感进入更深层的程度。

上述的例子中,人们身体中的组织全部打开,任凭体内的天然镇静剂流遍全身。

增加快感的秘诀就在于,有意识地进行适时暂停。这是一种技能,能够使你进行自我观察。即使你正在做事,也可以稍做停顿,进行自我观察。当你正在享受某事,并且在精神上感觉良好时,就该暂停一下。感受快乐,这一有意识的行为,能够深化你的快感,并促使身体分泌出更多的内啡肽。在性爱过程中,爱人们会有意识地暂停,让自己完全沉浸在快感之中,以此深化快感。对许多人来说,这就是通往极乐忘我之路。

这些与拥有安全感和管控体内化学物质有什么关系吗?息息相关!我希望你能在危险的环境中,管控好自己体内的化学物质和自己的情绪。

不再紧张,皮质醇和肾上腺素不再飙升。不再焦虑,你只会感到平静、强大和自信。所有这一切,均基于你管控自己体内化学物质的能力。学会如何创造激发快乐的化学物质。学会如何融化过去的危机和挑战所产生的陈旧冰冷的酸液。要做到这一点,你需要储存能够激发快乐的激素和美好的感觉。当困难出现时,这些激素和感觉能够支撑你,助你渡过难关。

所以,请学会享受快乐,深化快乐。这就像在银行存钱一样，这是拥有安全感的基石，也是顺利应对未来挑战的基石。

每当你感到快乐，并能够真正地享受这种快乐，对你的身体健康也是大有益处的。对于快乐的时刻，你有多少次是采取了熟视无睹的态度？有多少次，你与所喜欢的事物擦肩而过？一棵美丽的大树，浪漫的黄昏，美妙的音乐，理想的工作，美味的美食，美好的性爱。如果你能不嫌麻烦地适时暂停，感受这些过程，快乐的程度也能够极大地得以放大。吃巧克力时，你有没有足够的自制力，让巧克力在嘴里慢慢融化，而不是一边咬一边嚼呢？

在一堂《如何进行自我发展》的课堂上，我组织了一场比赛。教室里的每个人都拿到了一块美味的比利时松露巧克力。比赛的规则是，谁能将巧克力在口中保持的时间最长，而不会融化，或吞掉，谁就胜出。许多人在几分钟内就把巧克力吞食掉了，又立即要了更多的巧克力。但是，有两位女士，非常了不起，巧克力在她们的嘴里停留了43分钟，简直难以置信！相信我，这是我亲眼所见。

这让我想起了军队里的一句老话：别忘了停会儿，闻一闻花的芬芳，用以警醒所有的士兵们勿失人性，不断与生活中的美好事物保持联系，不要只是去观看鲜花，停下来，闻一闻花的芬芳，享受花的芬芳。

坚持不懈地运动身体，也能促进内啡肽的分泌。实际上，人们之所以发现了内啡肽，就是因为运动员们经过长久训练之后还能保持兴奋正是体内分泌出的内啡肽在起作用。人的身体就是一个需要运动的生理机制。无论你处于什么样的情绪中，你的身体都需要运动——即使你在精神上十分压抑，身体上也会享受运动的快乐。身体运动以及其他直接的身体享受——按摩，泡热水澡或性爱——都能避开你的精神状态，触发体内天然镇静剂的分泌，从生理上感受到快乐，并以积极有益的方式直接影响你的心情。

因此，与"停会儿，闻一闻花的芬芳"的道理一样，不要忘记运动的好处。

我想再次强调，运动有多么重要。我不希望我的任何一个读者，忽视我对享受快乐的建议，因为他们可能会认为这些建议要么不可靠，要么不重要。你可以找到一千个理由，不让自己快乐——羞愧、寡欲、困窘等，这些只是冰山一角。然而，无论是在生理上还是心理上，最简单、直接的事实就是，身体中长久地保持激发快乐的化学物质，是拥有安全感的唯一基石。

对于这一理念心存疑虑的人们，我想再次坚定地说：激发快乐幸福的化学物质才能够稳住并维持长久的安全感。若要获取安全感，你必须找到让自己快乐的方式方法。

利用积极的触发因子

你可以把你所喜欢的事物列一个清单：人、动物、地方、活动、物品、香味、颜色、气味、味道、心灵导师以及偶像。那些在极糟的情绪下也能让你嘴角上扬的因子，请将其标注出来。这些因子，可能是你的一个子孙、一只小猫或者一个喜剧演员。

列表中的所有事物，对你而言，都是触发快乐情绪的强大因子。当你疲惫时，或身陷危险时，请将自己置身于现实之外，花一点时间，想一想你所喜欢的事。哪怕只是很短的时间，哪怕只是微弱的发自内心的微笑，都比无休无止的悲伤压抑要强出百倍。

想象一下，你正在开会，会议变得越来越乏味，如果你能将自己的注意力从会议中转移出来，想一想你喜欢的事，你会惊讶于自己对情绪的控制能力。此外，你也可以环视会议室的四周，看看能不能找到自己喜欢的事物，这样也同样有用。允许自己享受身体的快乐反应。我曾参加过一个会议，地点在一个国家艺术馆的会议室里。会议室里放满了著名的绘画作品和雕塑作品。任何人，如果感到乏味或者烦躁，只需环顾四周，很快就有好心情。

能够发现自己喜欢的事物，并享受快乐的感觉，是一种方法技巧，也是我们生存的秘诀之一。有的人被囚禁或者被绑架多年，但是却依然能够保持头脑埋智和心理稳定，原因就在于，他们能够时刻发现生活中的美好。这样的故事不止一例。有的囚犯，仅通过观察一只蚂蚁，或者一线蓝天，就能感受到整个大自然的美好。著名电影《阿尔卡特兹的养鸟人》里的主人公，通过与自然中的小鸟建立链接关系，而实现了自我救赎。

如果一个人，身处真正可怕的境况中，能够通过关注生活中的美好事物，来管控自己的核心情感，那么你——就算不是被囚禁于难民营或是被连环强奸犯所绑架——也可以这样做。那些被绑架或者被非法囚禁的人，之所以能够保持理智和良好的精神状态，就是因为他们将注意力放在了美好的事物上，而不是当下的苦难之上。如果一味地沉浸在仇恨和痛苦中，他们的身心健康都会受到负面影响。

再者，时常去做一些自己喜爱的事，而不是只停留在想一想的状态，也是至关重要的。我的一个同事，曾经就抱怨，只是将注意力集中在自己喜欢的事情上，对她来说并不起作用：她无法触发体内的镇静剂，此外她的工作繁重劳累，一切都让她感到精神紧张。她就这样抱怨了整整一年。一天傍晚，她重新回到了自己心爱的舞蹈课中，一切迎刃而解。每周只需花几个小时，投入到自己喜欢的事情中，就让她重回正轨。

发现野草莓

根据一个著名的东方寓言,我和同事们把这些因子称为积极野草莓。故事讲的是,一个人不慎跌进了一个陡峭可怕的峡谷中,千钧一发之际,他一把抓住了一棵小树。他的身下是万丈深渊,掉下去,必死无疑。他紧紧地抓住小树,吓得胆战心惊。这时不知从哪里冒出了一只老鼠,一口一口地咬起了小树的树根。这时的他已是命悬一线。就在此时,他看到了一颗野草莓,离他不远。老鼠还在不停地咬着树根。就在小树将断之时,他微笑着,摘了一朵草莓花。

故事到此就结束了,寓意简单深远。即使是在最糟糕的境况下,你发现了美,关注了美,所拥有的体验也会有所不同。在这个寓言故事里,危急时刻,积极的因子就是那棵野草莓。一开始,主人公吓得魂飞魄散。发现野草莓后,他通过关注野草莓的美,改变了自己惊恐的心理状态。从皮质醇到内啡肽,他的大脑改变了体内所分泌的激素。

任何境况下,你的体验绝大程度上取决于你所关注的内容。一心关注那些你不喜欢的事物,只会触发负面的化学物质和消极情绪。反之,你若将注意力放在你所喜欢的事物上,你所触发的将是积极的化学物质和快乐的情绪。

习惯于发现和关注生活中美好的事物,将其作为积极的触发因子,这一点非常重要。我们列出自己喜欢的事物清单之后,不要忘了在自己的活动范围中也放一些提醒物,让自己的眼睛所及之处,都能触发美好和快乐。你完全可以在办公室摆放一些爱人的照片、喜欢的运动明星图片,或者风景画,都是些不错的快乐提醒物。如果你经常使用电脑,可以选一幅自己特别喜欢的照片作为屏保。在你的盥洗镜旁,可以贴一张明信片,可以是你最喜欢的一个地方、最喜欢的动物或最喜欢的人,每天一刷牙,就能看到。

我认识的一些社会工作者、推销员和护士,都会在汽车的仪表盘前面和防晒板上放一张自己最喜欢的照片。每当他们去见难以应对的客户前,都会在车里停留片刻,看看图片,触发心中积极有力的情绪。当然,如果所见的客户太过于刁钻,事后,他们还可以用这些照片来调整自己的心态。

思想是身体的父母

有的人,对于身心之间的紧密联系十分不以为然。他们其实是能意识到的,因为身心关联是有道理,但是他们往往还是会忽视。在这里,我还是希望你能够认真看待身心之间的联系,并且具备用自己的大脑影响身体的能力。

武术大师和中医学者对于身心之间的联系就有深入的领悟。优秀的瑜伽大师和武术大师都能够精准地管控自己的身体。相信你也看过这样的表演,有的人能够在燃烧的炭火上或者很细的绳子上行走,并展示出一脸愉快的样子,这就是大脑对身体进行管控的极端的例子。

不过,武术大师最出色的技能在于,面临恐惧、危险时,依然能够镇定自若、灵活有力、不卑不亢。当然,这还与他们的道德情操有关。不过你要知道,最伟大的勇士一定不会是愁眉苦脸的。伟大的勇士不畏一切,他们的身体如流水一般轻快有力,他们的大脑总是放松愉悦的,他们眼里的生活是幸福快乐的,他们不仅重视道德情操,同时心态也非常积极乐观。很多人都看过电影《空手道小子》,电影里的武术老师就完美地诠释了这一平衡关系。

对武术大师们来说，身心的平衡关系体现在他们的身体条件和激素条件中。他们的身体根本不会分泌激发恐惧的激素，他们若是全身紧张发抖，就无法与对手打斗。即使面对威胁，充满体内的化学物质依然是内啡肽，他们本应感到害怕，但是身体不断分泌出激发快乐的激素，使他们感觉不到害怕。诚然，对他们来说，外部环境的确充满威胁，然而，他们却能很好地管控自己的内心感觉。

这源于武术大师们沉着冷静的态度。他们敏锐警觉，善于发现生活中的美好。世界上最知名的武术大师当属少林寺和尚，还有那些精于静坐冥想以及信仰佛教的极乐世界的人。他们能始终保持一种积极乐观的心态，克服生活中的艰难困苦。

他们还擅长另一种强大的身心管控技巧，即有意识地通过大脑，准确管控自己的感觉和情绪。这一技巧的精髓就在于，让大脑担任身体的家长。

面对危机、压力和危险时，你的身体最需要的就是大脑对身体的关注。你的身体和其他任何动物的身体一样，对所察觉到和感知到的危险，能够做出本能的反应。有时，我们会感觉根本无法控制我们的身体，这就是身体本能反应的体现。你的大脑中，是想要自己保持镇定，不要慌张，但是生理上所发生的反应，你却不能自已。

这种情况下，你的身体更需要大脑的关注。这就像一个孩子，需要父母的肯定和关注一样。还像一只小宠物，需要主人的抚慰，才能安心一样。如果你能将注意力放在自己的身体上，并实时体会身体的感觉，身体就会放松安心。

关注自己的身体。很快你的思想/大脑就能与你的身体建立神经连接。两个部位的神经得以相互传递信息，相互交流：嗨，我是大脑，一直在关注你。这就像一个孩子担惊受怕时，抓住了妈妈的手，心灵得到了慰藉一样。大脑就如身体的父母一样，当得到了大脑的关注，身体就会感到慰藉。

如果你还没来得及阅读本书，那么我建议你谨记以下内容：无论你身处怎样的压力之下，都将注意力放在自己的身体上。将自己的注意力从外界事物上转移到自己身上。这样你能够立即抑制身体内的皮质醇和肾上腺素的分泌，也能阻止这些化学物质激发紧张和恐慌的感觉与情绪。

这一过程简单容易。你甚至可以在做其他事的同时这样做。一边读着本书，大脑的一部分仍然可以分散到自己的身体上，关注身体的感受。这就是那些武术大师，虽然身处打斗之中，但是依然镇定自若的原因。他们的大脑总有一部分始终关注着身体，并适时平复身体的紧张反应。

如果你将注意力放在腹部以下的位置，效果更佳。实际上，所有的武术训练，学员首先要学习的，就是将注意力放在丹田①处,并不断给予关注。然后轻轻地深呼吸,贯穿全身。你也可以有意识地引导自己的胸部和腹部的肌肉下沉,使之放松。若想了解更多相关知识,我建议你阅读一些有关气功或"内家拳"的相关书籍。

你会惊讶于这种能力所赋予你的自控力。世事难测,生活中难免出现各种艰难困苦。有时可能就是在邮局或超市排个长队,遇到交通堵塞这样常见的烦心事;有时可能是重大事故或者杀人抢劫这类真正的危险。如果不具备有意识的自我控制能力,面对烦恼和危险,你的身体会自动分泌激发焦虑情绪的激素。由于体内不断分泌出这种激素,你立即会感到紧张和不适。

但是,现在你有两种选择:要么选择被动地承受身体所产生的这种感觉;要么选择引导和管控身体的体验。如果你选择了第二种,你就可以将注意力集中在身体上,关注身体,这样你的身体就不会被激发恐惧害怕的激素所左右。此时,你的身体也能随着大脑的关注而做出相应的反应,体内的酸性激素将停止分泌,你的感觉也能回归正常。

慢慢做几个深呼吸,让自己的胸部和腹部下沉,深化这种美好的感觉。这种自我控制实际非常容易,而且感觉很美好!

有的人可能会反驳说,这种自我控制的方法,在真正面

---

① 脐下三分处。

临危险时，根本无法实现。实则，一切皆有可能，毫无必要的折磨与自我控制之间，只是一个选择而已。熟知这一点的人，即使面对有生命威胁的险境，也能利用这一技巧，自如应对。最近，发生了一起渡轮翻船的惨剧，只有为数不多的幸存者。我认识其中之一，他是一位瑜伽从业者，在危急时刻，能够适时地将注意力放在自己的身体上，缓和自己的呼吸速度。因此，他通过始终保持镇定和自控得以生存下来，进而给我们讲述整个事情的经过。

下次，你再遇到交通堵塞或者不得不排长队、感觉到自己心烦意躁时，就要学会用意念按下情绪的暂停键，关注自己体内不快的感觉。打开良好心态的开关，以友善理解的方式抚慰自己的身体，你立刻就能感受到大脑对身体的强大影响力。你的大脑能够改写身体的程序，使之不再感到紧张、急躁和恐惧。

你在这些繁杂琐事中使用的小技巧，也适用于重大的危机情况。那些身患重疾的人，必须学会友善地关注自己的身体。我认识一个退休医生，他的血压异常高，每天都要靠吃药来降压。后来，通过大脑友善地关注自己的身体，将血压降到了正常程度，与20岁的年轻人无异。友善所传递的神经信息，将几十年累积的紧张情绪化为乌有。

谨 记

★你可以管控和引导体内的化学物质。你可以沉浸在激发冷静沉着的激素中,而不用在激发紧张和焦虑的冰冷电池酸液中煎熬。

★尽量想着并且去做自己喜欢的事。

★在自己的活动范围内放置一些给予自己快乐回忆的提醒物。

★放松自己,享受快乐。

★让大脑做身体的友善家长。无论身处怎样的压力环境,都将注意力集中在自己的身体上。

★将自己的注意力从外界事物中转移到自己身上。

★学会适时暂停,静心观察自己的变化。

4

做一个慷慨、有风度、友善的骑士

用心,以积极的愿景给予自己和他人安全感

人生在世，都应拥有一个安全的环境。这是我们对社会和政府最起码的要求。然而，现实生活中，我们依然需要在停车后锁住车门，睡觉前扣住窗栓，以确保安全。此外，我们甚至还需要学习一些基本的自卫护身术。

但是，就算上述事情你都做得很好了，有时，依然会感到焦虑。

你可以修筑最牢固的自卫之墙，也可以包裹一层奢华的护身之茧，但是你的内心还是缺少基本的自信，在心理上感觉不到安全。富可敌国和功成名就的人，更是将此种心理状态表现得淋漓尽致。

他们拥有许多的物质财富，但是情绪这根保险丝却脆弱了，因而非常危险。他们很容易受到威胁，对于尖酸刻薄的言语和行为，很容易反应过激。你经常会看到他们为难餐厅服务员和酒店员工。我认识一个百万富翁，用尽各种办法刁难餐厅服务员，对端上来的每一道菜吹毛求疵，每吃一口菜，就寻弊索瑕。还时常不怀好意地退菜退酒，羞辱服务员。她以为自己是一位要求严格的美食家，实际上她的行为对任何人都不利，和她一起吃饭，简直就如噩梦一般。

这些内心没有安全感的成功人士会将内心的不安外化表现出来，影响那些他们所接触的人。

让他人安心

然而，如果你内心深处拥有安全感，那么你将自带美好气质，影响并鼓舞他人。你的情绪保险丝牢固可靠，你自己的安全感也能外延并保护他人，服务员们都乐于为你服务。一个人是否真正具有安全感，就看他是否能让其他人也感到安全。

对于军官和领导，士兵们最感到敬佩的是什么？就这一问题，我们做了一个调研。研究发现，最令他们敬佩的不是在危急时分军官和领导们显现出的英勇无畏的英雄行为。实际上，与备受瞩目的英雄共事，反而会让他们感到紧张。真正令他们敬佩的是，军官们把整个部队放在第一位，并尽心尽力地维护，全力以赴，在所不辞。他们是通过真诚的关爱，而不是英雄主义，来鼓励和赢得整个部队的忠诚和尊重。有的人身上所富有的力量和勇气的确令人仰慕，但是，如果再添加一些仁慈善良和慷慨豁达，那这个人才算得上是伟大之人。

好朋友、好同事以及亲友之间，就具备这样的特点。你所爱的人,是那些在你一生中的各个阶段对你不离不弃、支持帮助你的人。一个只在你表现好时才对你表示关爱和友好的老板,你不可能对他忠心耿耿。当你身陷困难时,对你出手相助的人,你才会对他忠诚。

斯科特·派克在其著作《少有人走的路》中,对什么是爱下了定义。"爱是促进自我和他人心智成熟,实现自我完善的意愿。"他人于你,和你于自己,一样重要。父母和相爱的人们,深切地懂得这一点;友好的朋友、同事、领导、管理者、合伙人、队长和队员们,也深谙这一点。伟大的宗教领袖们,将这种无私的精神完美地向整个人类进行了诠释,基督教中许多积极向上的教义,都是关于圣人牺牲小我为大家的故事。优秀的父母对待孩子,一生都是无私奉献的。

给予他人安全感,是一个好人最基本的特质。这样,其他人获得了自由、鼓励和支持,自然也会在各方面倾尽全力。性格慷慨豁达,也能让你受益无穷。如果你仁慈善良,乐于助人,你自己也会因此而感到美好,那是发自内心的美好感觉,能够提升你的道德和情感力量,增强你的自尊,展现你的真诚;同时,有助于你的健康成长。如果你的性格慷慨豁达,那么从你的大脑至内分泌系统的神经通路,将会触发体内镇静激素的分泌,增强你的神经系统和免疫系统,建立强大的内心基石,自如应对生活中的大事小事。

我想起了两个人,他们都在一个大型计算机公司工作。

两个人同时接到了突如其来的下岗通知。其中一个人，性格慷慨豁达、仁慈善良，其庸俗的同事们甚至认为这是软弱的表现；另一个人，则非常争强好胜，急功近利。

仁慈善良的那个人接到通知后，从容接受，并对遭遇同样命运的同事表示同情。他表现出从容镇定，坚守自己的价值观，以及对待生活的良好态度，并重新振作精神，调整状态，很快又找到了一份工作。

而那个争强好胜的人呢，接到通知后，顿时横眉怒目，气急败坏。回到家里，对待自己的妻子和孩子，也是怒气冲冲，并且日日借酒消愁。最终，他重新找到了一份工作，但是整个过程中他付出了巨大的代价：把家里弄得鸡犬不宁，自己也经历了长期的情绪和身体上的折磨。他对其他人，既没有同情心，也没有豁达之心。

安全感与慷慨、宽容

在现代这个物欲横流、世俗泛滥的社会中,慷慨豁达、乐于助人之人,反而变得稀有难得了。但是,慷慨豁达的精神,本应是朋友、家庭和组织中最自然的要求。

人们往往会惊奇地发现,在一些小的部落中,最高首领或者最佳猎手的茅屋,往往是最简陋的。在这些小部落中——俾格米人①、土著居民、布须曼人②和因纽特人③——他们的首领都是慷慨豁达之人,受人尊重。只有那些懂得给予和付出的人,才有资格担任首领。实际上,在许多部落中,人们甚至会争相比着看谁的贡献最大。最慷慨豁达之人,地位最高。那些视财如命、一毛不拔的人,他们会被部落的人视为自私软弱,这是人性中的致命弱点,根本不具备担当首领的潜质。即便这样的人,与我们生活中的许多惺惺作态、

---

① 俾格米人又称尼格利罗人,是居住在非洲中部热带雨林地区的民族,被称为非洲的"袖珍民族",成年人平均身高1.30米至1.40米。
② 生活于南非、博茨瓦纳、纳米比亚与安哥拉的一个原住民族,是科伊科伊人的相近种族。又称桑人。
③ 又称为爱斯基摩人,生活在北极地区,属蒙古人种北极类型。

横蛮霸道的老板、领导以及明星相比,也只是小巫见大巫。

我并不是说,我们要放弃给予我们的一切,到森林里去过原始生活——你只需到伦敦的肯辛顿公园①或者纽约的中央公园②去感受一下就可以了!此外,我也并不是鼓励大家成为一个无原则的给予者和谄媚者。不过,慷慨豁达的精神绝对是真正拥有安全感的一种体现。

财富和身份并不是拥有安全感的表现。比如,最近的研究表明,那些纯粹为了个人利益而追求物质财富的人,要比那些不追求财富的人,遭遇的噩梦更多、危机感更深。富豪霍华德·休斯悲剧的晚年,就是一个有力的证明。他最终生活在一个消过毒、完全无菌的白色金属房间里,生怕任何人污染他。

列出你所知道的所有电影明星和歌星,再列出你所知道的所有名人,他们中有多少人为他们所在的社区做过贡献?可能只有少部分人积极参加社会服务,这样怎么能让人们有安全感呢,他们头上顶着的光环空洞而肤浅。关于什么是成就,人们创造出了一种假象。这种假象衍生出不安全感和失败感,也是社会中众多暴力行为和竞争行为的起因。

---

① 肯辛顿公园从前是皇家园林,现在与海德公园相连向公众开放。公园雅致优美,有大片草地。
② 号称纽约的"后花园",是纽约最大的都市公园,也是纽约第一个完全以园林学为设计准则建立的公园。

成为一个有骑士风度的人

在此,我想让你了解的是,拥有安全感与慷慨豁达、助人为乐之间的紧密联系。从那只狮子对待自己幼崽的故事中,也能看到这种联系。

为了保护自己的孩子,狮子能展示出超乎寻常的力量,这种力量是直接显著的,是每时每刻都存在的力量。那些为孩子提供锦衣玉食、豪车豪宅的父母,并不能给予孩子安全感。父母对孩子的关心爱护,才能使孩子真正拥有安全感。

我肯定,其他人也能感受到孩子体内激发安全感的化学物质,就像一种味道、一种气味或者一种光环,为人所知。在一些武术传统中,众所周知,伟大的勇士身上散发出的反而是一种祥和的气质,是一种完全没有必要进行打斗的气氛。仅以他的能量场和精神状态,就足以震慑对手,使之不敢轻举妄动。当然,这并不是说,对手们就被打败了,但却让他们失去了进攻的动机,因为,他们能感受到关爱,甚至是爱惜。

这就是侠肝义胆的精髓。最理想的骑士——也称侠士——是最善良的，也是最勇敢、武功最精湛的勇士。无论他走进哪个村庄，弱小的人都会感到安全。侠士绝不可能是一个性情暴躁、凶狠恶毒之人，而是强大勇敢、聪明有爱心之人。可能这也是世界最著名的重量级冠军穆罕默德·阿里①的闪光之处，他始终保护弱者，严惩霸凌者。

侠肝义胆是一种崇高的理想。侠肝义胆的勇士无疑都受过心灵艺术的熏陶。无论是基督教徒、穆斯林信徒、少林和尚还是日本武士，学习的内容都是十分相似的。在战斗之前、战斗之中和战斗之后，勇士始终沉着冷静、敏锐机警。秉承圣杯②传统的基督教骑士和圣殿骑士③都会在圣坛前，屈膝跪地祈祷整整一夜。萨拉森人④会在精神的神圣花园中冥思苦想，以获快乐。少林和尚和日本武士，都会进行长时间的静坐冥想，无论外面有何种刺激，均能沉着镇定，纹丝不动。

从身体化学的视角来看，你现在知道他们在做什么了。他们是在训练自己的大脑和激素系统——远离激发紧张的酸性化学物质，从而使自己快乐知足、灵活自如。

---

① 美国拳击手。1964年，22岁的阿里击败索尼-利斯顿，首次夺得重量级拳王称号。此后，阿里在20年的时间里22次获得重量级拳王称号。

② 耶稣受难前的逾越节晚餐上，耶稣和11个门徒所使用的一个葡萄酒杯。后来有些人认为这个杯子因为这个特殊的场合而具有某种神奇的能力。

③ 全名为"基督和所罗门圣殿的贫苦骑士团"，是法国中世纪天主教的军事组织，是十字军中最具战斗力的一群人。

④ 指从今天的叙利亚到沙特阿拉伯之间的沙漠阿拉伯游牧民，广义上则指中古时代所有的阿拉伯人，有统一的语言——阿拉伯语，绝大部分人信奉伊斯兰教，极少数人信仰基督教。

管理好自己

对待自己，也要仁慈友善。你给予他人的友谊与支持，此时，也要分给自己一些。这是掌控自己的情绪，获得安全感的另一个基本技能。

虽然，所有伟大的勇士，对待他人都有一颗侠义仁慈之心，但是，当涉及掌控自己的需求和性格时，这些勇士又可分两种类型。对待自己的需求，一种人采取的是严苛冷漠，不予满足的态度；而另一种人采取的则是，热心对待，善解自己的心意。这两种类型的人，当看到他人遇到困难时，都能及时给予帮助，他们甚至不惜自己的生命，保护那些被强权欺压的弱者。然而，只有上述第二种人——真正善良睿智的骑士——才懂得善待自己内心的情感，关爱自己的脆弱之处。

正如你在任何武侠电影中看到的一样，能够善待他人、乐观看待自己不足之处的侠士往往能战胜那些严厉刻薄之人。为什么？因为，善待自己之人，身体会更加灵活自如。而对己严厉苛刻的斗士，无论他有多么坚韧，武功有多么强大，整体来说,身体却相对僵硬,因此速度也就更慢。

至此,你就进入情绪智慧的领域了。善待自己,而不是苛求自己,你会更聪明健康,更加积极有效。如果你的大脑能够善待自己的身体,你的身体感受到了大脑的关注,就会做出放松、快乐的相应反馈。如果你的大脑对待身体冷漠苛刻,你的身体就会因此而感到紧张。善待自己,能够触发身体中的镇静剂,使之流遍全身,使整个身体的循环系统畅通健康。

相反,对己苛刻,会破坏身体的循环系统,使之阻塞不畅。对于这种严苛要求和独断专行,身体所做出的反应就是分泌出触发紧张的酸性化学物质。

在本书最后一章,你将了解到,适时暂停和管控体内化学物质能力的重要性。你会了解到乐观快乐以及触发积极情绪激素的重要性。此外,你还会了解到适时暂停和自我监控的重要性。

不过,你的大脑所做的工作,远不只是管理和转化体内酸性化学物质以及压抑的情绪。你的大脑还会以一个仁慈家长的身份,完全接受你所有的缺陷、压力和痛苦,并采取相应措施。

这其实也就是说,当你感到有压力,并出现相应的身体症状——腹痛、胸闷等——你立即就能将注意力放在这些不适上,像一个细心的家长,认真照料不小心摔倒的幼儿。对待内心的不适，你所采取的态度和思想，是仁慈善良、富有同情心。你不会因为困难而退缩，也不会因为感到紧张而自责——或者祈祷这种感觉赶紧消失——相反，你会以真诚的热情，去关注自己的紧张情绪，就如一个智慧善良的家长照料自己的孩子一样。你会接受并抚慰自己脆弱的一面。

这种方法，能够成功地帮助你管控自己最糟的情绪，快速让自己安定舒心。原因如下：

紧张压抑的感觉，是由体内的酸性激素引发的。如果你将大脑仁慈善良的注意力放在那个区域，就打开了一条神经通路，并触发那个区域中内啡肽的分泌。本来的不快，很快被舒心的化学物质所包围，并快速渗透进去，治愈你的不快。

你体内的镇定激素不断向里渗透，与皮质醇和肾上腺素中和，酸性化学物质开始转化。

从心理角度来说，这一过程会使你在短时间内，从精神上不再产生压力。这一过程也能很快地将你从压抑难过的感觉中带出，虽然你知道压力依然存在，但是你却并不会感到难过，你完全了解自己的压力，抚慰了自己的内心，管控自己的情绪。

因此，你也树立了信心。对于内心的各种变化，你都能有效地进行管控，即使遇到困难产生难过情绪，你也能很快地转化为心理上的愉悦。

通常情况下，完成这一过程，需要很强的自我约束力，这可能会让你感到不适。有效地阻止激动情绪这条洪流，使之平静如水，并非易事，可能就像阻止行驶中的火车一样困难，就算把所有的刹车都拉到底，火车依然会猛冲出去，同理，当积极的情绪遇到消极的情绪，两种情绪之间必然会产生巨大的摩擦，给你带来不适。过去的酸液需要被吸收，这就有点像拥抱一个伤心的孩子或者朋友一样，也会让你自己感到难过，就好像你把他们的伤心能量吸到了自己身上似的。

有很多人都使用这种方法来管控自己的情绪。有这样一个人，由于他每次回家把车停在自家停车道的入口时，总有一辆陌生的车挡在前面，于是他变得暴跳如雷。还有一个人，当看到人们说的是一套，做的是另一套时，就很难抑制住自己愤怒的情绪。当然，还有一些父母，看到孩子们总是把家里弄得乱七八糟，而几近崩溃，"我女儿在不在家，只需要看看房子乱不乱就知道。从大门口，一直到房间里，乱成一团。"

有一个女人，每次出差几天后回到家，发现洗碗机、洗菜池，还有沥水板上堆满了油腻的碗碟，就禁不住大发雷霆。还有一个人，时常常受到同事的欺负，他变得胆小如鼠。

这些人对待外界的各种挑衅时，身体内部都表现出了巨大的不适之感。

然而，当他们学会了一感到情绪激动就适时停止，将充满善意的注意力转向身体时，他们立即就感觉好得多——之后，他们也更有能力成功地应对外部情况。他们学会了管控自己。即便他们没法让自己的孩子们把房间收拾整洁，或者无法改变同事们的行为态度，但他们也不会再陷入曾是地狱般的情绪中了。

在危险和伤害中保护好自己

要在危险和伤害中善待自己，毋庸置疑，极度困难。前面我所提到的所有方法技巧，对那些经历过创伤、伤害或者严重身心痛苦的人来说，似乎根本就不起作用。的确，只有极少数勇敢聪明，具有自我约束力和强大意志力的非凡英雄，才能够在极端痛苦和危险的境况下，依然保持理智的头脑。例如，二战时期，许多战俘都能够在严刑拷打的折磨中，保持乐观的心态。然而，即便是这些内心强大的英雄，也会经历紧张情绪，进而产生自我防御心理。人类的身体和情绪生来并没有准备好应对伤害。

对于突如其来的危险和伤害，我们大部分人都会重心失衡，很难自我控制和约束。因此，从立足现实的角度来说，我并不希望，本书的任何读者错误地以为，他们受到伤害时，或者受到伤害后，无法表现出完美的自我约束力和镇定自若的态度，从而弃读本书。

有的事情可能发生得太突然，并给你带来巨大痛苦，困扰你的生活，以至于远远超出了你的自我掌控能力。在这种情况下，我们只需尽力而为就可以了。对于如何掌控突发事件是没有什么金科玉律的，这些事情本来就不应该发生，没人应该遭受伤害。

伤害会给人们带来痛苦和创伤，人们的身心多少都会受到影响，轻则紧张，重则崩溃。不过，随着时间的流逝，最终是能够得以治愈的，治愈的过程需要时间、帮助和关爱，你需要将你的故事倾诉出来，将你的愤怒和悲伤完全释放出来。

对那些不断受到伤害和折磨的人来说，这一治愈过程还需要更大的空间和更多的关注。对那些遭遇抢劫或者其他暴力和危险的人来说，他们的内心必然会产生一定程度的创伤。

遭受创伤后，在整个治愈过程中，你应该尽可能早地找到内心饱含冷静、善良和希望的部分；并开始以一种同情和仁慈的方式来对待你的痛苦，包容它，抚慰它。这种自我关爱的行为，能够有效地加速治愈过程，并最终完全康复。

许多人在面对危机的过程中，都能够表现出英勇无畏，然而，危机过后，情绪反倒会产生严重波动。我的一个朋友，有一天晚上，遇到了两个行凶抢劫者。当时，她平复了一下呼吸，保持镇静，充满善意地与两个抢劫者交谈，问他们为什么如此落魄，并寻问他们的家庭境况，她成功地与他们达成协议，钱包和背包她留下，钱归他们，最终她毫发未损。然而，一回到家，她就冲进房间，放声大哭起来，全身发抖，将自己的紧张和恐惧情绪全都发泄了出来。

不过,哭着哭着,她开始自我观察,并打开了善待自己的开关,大脑变成了仁慈善良的家长,理解并抚慰她的痛苦,最起码她明白究竟发生了什么,并通过情绪智慧正确地处理了心中的痛苦。

在真正面临危险的情况下,她表现出了镇定自若,如果换作其他人,恐怕早就歇斯底里了。突发事件之后,无论你当时如何表现,最有用、最有效的处理技巧就是,唤醒仁慈善良的家长模式,自我慰藉。

一位资深的护士曾告诉我,她的一位男性同事,总是一副盛气凌人的样子,让她感到十分害怕。在一次遭人投诉后,她不得不去调查他们团队中一些护士的行为。男同事想告诉她,她应该帮助她的护士同事,于是他要求和她单独谈谈,两人来到了影印室,他站在门口,双手交叉抱在胸前,语气坚定地表达了自己的意见。他其实本无意让她害怕,但是他的态度和肢体语言却的确让她感到了害怕。不过,她很好地约束了自己,也表达了她自己的意见。

之后,不用说,她哭了一场,对自己的畏惧心理感到羞愧。我告诉她,害怕是完全正常的情绪,也是可以理解的,我还向她指出,她现在把事情弄得更糟了,一开始,她感到害怕时,她的大脑对她的这种害怕心理采取的是苛刻严厉的态度,现在,严厉的自责又让她二次受到伤害。

需要再次强调的是，请不要低估身与心之间的联系——心理神经免疫过程。那位护士对自我严厉苛刻的态度，使身体分泌了更多的皮质醇，导致紧张情绪更升一级。当她采取仁慈善良的态度对待自己时，激发恐惧的激素开始溶解，被一种更灵活、更舒适的反应所取代。

善待他人

你需要关注、接受并抚慰自己的不快情绪。同样,你也可以将这种能力惠及他人,以自己真挚的情感、热情的身心去帮助他人、善待他人。如果你天生就拥有安全感,并且是一个慷慨豁达之人,善待他人就成为自然而然的事了。你本能的慷慨豁达能够得以延伸,但凡你所到之处,都能给周围的人带来积极的影响。

这一点,能够明显地体现在一个拥有安全感的家长照料孩子们的过程中,只要他或她在,孩子们能够感觉到安全。在一些组织和团体中,这种情况也显而易见。有的组织中,成员像无头苍蝇一样乱飞乱撞,而当一个安全感十足的人出现时,整个气氛就立即安静下来。

有一本古老的中医指南,里面有一幅插图,一个男人盘腿坐着,两眼向下关注着自己的身体。他的丹田之处,盘腿坐着另一个小小的人。这幅插图的注解,描述了如何将注意力放在自己的身体上并善待自己的方法。

书中还有一幅插图,插图中,男人丹田处的那个小小人变大了，大得甚至超过了那个男人。注解是这样解读的：如果你能够以这种方法善待自己，那么你的内在能量场将变得强大坚固，足以保护你自己。这种能量场还能继续增强，强到可以保护他人，使他人感受到关爱。

只要需要，人人都可以有意识地创造出一个安全有益的能量场。第一步，就是要确保自己的身体处于平静和放松的状态。做到这一点，最容易的方法就是将你的注意力聚集在自己的身体上，并传递一些舒心的信息，然后，保持平静，以一种热情友善的态度对待自己的同伴或者周围事物。

这样，无须多大力气，你的能量场就能得以强化，积极影响并激励身边的人。这里的关键词就是：平静的身体、敞开的心扉、慷慨豁达的态度。

如果你愿意，你可以感受到这种温暖又安全的能量从你的躯干向外散发——从你的臀部、腹部和胸部——环绕四周，照耀四方。

这些方法，与一些优秀的理疗师、教师、教练和顾问所使用的方法相似。实际上，在许多心理疗法的过程中，重要的并不是理疗师有多聪明，洞察力有多深刻，而是理疗师的态度、气场以及热情。如果理疗师对待他的客户，采取的是仁慈、同情和真诚的态度，那么就能与客户建立一种强大的安全关系，而这种关系往往是成功治疗的基础。

善待一个个体的方法也适用于一个集体，或者应对一种境况。在许多部落中,长者都会参加会议,认真观察倾听,维系整个集体,不到万不得已,他们一般不会轻易开口说话。那些擅长会议主持的人,也是这样做的。他们易于相处、富有耐心,对集体践行着无形的支持。

你也可以在各种会议中,或者在家庭中,尝试这么做。不要告诉他们你要做什么。你只需安静地坐在那里,首先将注意力放在自己身上,确保自己感觉良好。然后,引导你身体中温暖安全的能量,从你的臀部和腹部向外散发,帮助和激励你的同伴们,相信你一定会看到一些令你舒心的结果。

永葆美好愿景

优秀的理疗师同时也应该无条件地尊重他的客户。也就是说，无论当下的情况如何，也无论客户处于什么样的难过状态中，理疗师都应该认可并欣赏客户的全部潜质。这同样也如一位好的家长和朋友一样，无论你处于什么样的困难时期或者行为有多么恶劣，他们始终都能看到真正的你，他们始终与你相连。同样，无论他们经历怎样的人生低谷或者艰难困苦，他们始终都是你生命中最尊重、最喜爱的人。有一个能始终看到你最好一面的人，对任何一个人来说都是莫大的幸运。

如果你敞开了自己的心扉，态度上慷慨豁达，对于你的朋友们，即使他们身处人生低谷，你始终都会对他们持有美好的愿景。对他人持有美好的愿景，也是优秀的管理人和领导者的特质。一个卓越杰出的领导会让你知道，他能看到你真正的潜质，并会帮助你去挖掘这一潜质。球队队长、管理者和教练成功与否，主要取决于他们是否懂得鼓舞他们的团队发挥潜质，威逼利诱和指责批评都不可能获得长久持续的胜利。

持有美好的愿景对于各种项目的实施也是至关重要的，一个好的领导不可能对项目未来的成功和完成失去信心。

最有成效的领导艺术——无论是在家里、企业里还是政治团体中——都是指那种在最恶劣的情况下，还能保持美好愿景的能力。将你的目光放在长远的目标上，积极从失败中吸取教训，你不会仅仅因为一时的问题和失败而放弃自己的梦想，也不会向压力和恐惧屈服。如温斯顿·丘吉尔[1]或纳尔逊·曼德拉[2]这些领导人，无论是经历战斗失败或者被困于监牢中，都不会失去对美好的愿景。

这一切都与你的安全感息息相关，拥有安全感，也就意味着具备在困境中看到希望的能力。这也是你感到安全、自信和优秀的有力证据，这是一种内在态度和力度，并不依赖于外界环境。

保持这种积极的态度，是让自己感到安全和优秀的一个重要部分。我想要强调的是，这并不意味着要去否认或者抑制生活中的困难和痛苦。同样，我们要认识到生活中的困难和痛苦，但是不要过于紧张。你可以通过自己的仁慈善良来"应对"生活中的挑战和困难，但同时还要不失去对生活的

---

[1] 英国政治家、历史学家、画家、演说家、作家、记者。1940—1945 年和 1951—1955 年两度出任英国首相，被认为是 20 世纪最重要的政治领袖之一。

[2] 南非前总统。

愿景和希望，这也是实现真正的成功和成就的良方。

当然，你们中的有些人，由于这样或那样的原因，总是很难保持这份泰然自若。过去所发生的事情，会有意无意地让你产生消极悲观的情绪。你这是担忧过度，你甚至担心还有更糟的事会发生。如果你能够将你的关注力放在自己身心受过伤害的地方，给予一定的同情，接纳它——同时，使之平静下来，你就会好起来，这是非常有效的方法。以一颗善良之心，用理解的心态去审视自己的消极悲观情绪。

然后，接受包容这些消极悲观情绪，这样它们就不会破坏你心中积极乐观的情绪。

当然，说起来容易，做起来并不容易，这需要长期的耐心坚持和明确的目标，但是一定是值得的。你可能还需要从朋友或者咨询师那里获得额外的帮助。慢慢地，你要学着诱导与鼓励你的思想和情绪，远离悲伤，进入一种乐观信任的状态。最重要的是，你需要以智慧的方式善待自己。

印度教中，人们打招呼时会行"合十礼"，意思是"我向你的灵魂问好"。如果你看到印度教徒，双手合十，互相鞠躬，那就意味着他们认可彼此的真我。基督教中，也有这样的教义，遇见之人，要看他心中是否有救世主。

终极安全感——把握好生命中每一份美好

这一切都有一个心灵维度。在此，我虽然使用了"心灵"一词，但我并不是让大家一定要去信仰什么宗教。我指的是，能够感受到生活和宇宙中的宏伟、神秘和美好的能力。这是一个更广义的精神层面，我相信你能在其中找到最终的安全感。

每个人，只要在合适的情况下，都能感受到大自然的美好与仁爱力量。世界各地的诗人、神秘主义者、普通男女老少们，都或多或少地见证了生活、自然和宇宙中最本质的仁爱。你自己也感受到了，不是吗？在沙滩上，在大树下，在爱人的怀抱中……你身心平静祥和。

我非常欣赏这种感觉，但是你可能并不是天天都有这样的安全感。对有的人来说，可能一生中的大部分时间都生活在痛苦之中。但是，总有那么一些时光，你能感受到自然世界的美好，请记住并尊重这些美好的时光。

适时暂停一会儿，回忆你感到完全放松和满足时的美好感觉。这种美好的感觉可以描述为，是那些被生活中的仁爱所善待的时刻。这些让你感到舒心的美好，构成了宇宙的基础。

难怪有宗教信仰的人，通常把这种感受视作受到了上帝如父母般的善待。世界各地的信徒常常把上帝称为父神或者母神。有的文化将这种感受比作一条充满仁爱力量的暖流或者一片爱意无限的海洋。是仁爱的力量推动着你不断勇往向前。

有的人可能很容易获得这样的感受：当你看到美好的事物，心情放松时，或者完成某项任务，满足感十足时，就会自然而然地产生这种感觉。你感觉心情愉悦，受到了生活的善待。当然，你也可能并不习惯于这种感觉或体验。如果是这样的话，我建议你，在生活中适时暂停下来，寻找一些安静的时光——特别是当你感觉美好时，让你的大脑静静地感受宇宙的强大和仁爱，如果你允许自己沉浸于这种仁爱之中，你就会感到美好。让这种美好的种子在你的心里生根发芽吧，看看你的生活会有什么样的改变。

有许多人可能认为，与自然和宇宙之间建立和谐的关系，是一种极具挑战性的事。

紧张不安、恬淡寡欲、骄傲自满、特立独行、疑神疑鬼、愧疚自责——所有这一切，都不会轻易在这种仁爱面前"缴械投降"。我能说什么？慢慢地以一种信任的态度尝试去做吧，对你定是有利无害的。

让自己沉浸于宇宙和大自然的仁爱之中吧。同时，善待自己内心的伤悲，你的仁慈善良将得以延伸，福及他人，善待他人，永葆美好愿景与希望。

谨记

★延伸自己所拥有的安全感，福及他人，善待他人。

★感到难过悲伤时，将注意力集中在自己的身体上，以仁慈善良和理解的态度对待自己，接受并"善待"自己的难过悲伤。

★平静身心、敞开心扉、慷慨豁达，增强自己的能量场，帮助善待他人。

★永葆美好愿景，看到他人最好的一面。

★对任何项目充满成功的希望。

★让自己沉浸于大自然和宇宙的仁爱之中。

5

安全感的无形力量

管控能够影响你的能量场、气场和氛围

人类是一个复杂的生命体，不仅敏感，有时还很容易惊慌。即使最强大的男女，也有其脆弱的一面。正因为如此，一些个人和组织就利用人们的脆弱心理，大搞迷信活动。有些宗教，利用一些莫须有的危险吓唬和操控他人。还有许多江湖骗子，兜售各种护身符，美其名曰可以保护人们远离那些隐形的邪恶之力。

我生活在格拉斯顿伯里镇①，小镇里有许多小店铺，以出售水晶和各种护身符而出名。这些新时代的店铺，利用人们脆弱的心理来谋取利益，常常受到人们的指责。但是，倒回一千年，格拉斯顿伯里曾是基督教教徒朝圣活动的中心，那时就随处可见一些商铺和小摊，出售圣人的骨头和遗物。店主们声称这些物品有护身效果，并能给人们带来好运，与现代的商铺店主们宣扬的如出一辙（有时，我真怀疑，千年前那些兜售基督圣人遗物的商贩，是不是转世成了现代这些兜售护身符的商贩）。

历史上，一些国家和教堂就曾利用一些神秘力量来控制和制服他们的臣民，性质极其恶劣。西方国家的人，都深知宗教法庭的恐怖，还有一些邪教组织、政治组织利用隐形的神秘力量，剥夺人们的自由和生命。可悲的是，时至今日，

---

① 位于英国英格兰西南部。

这一现象仍然在宗教激进主义国家十分猖獗。

现代科技和文化最大的贡献之一，就是将西方国家的人们从迷信和邪教的噩梦中解救出来。在现代文明社会，无论是政府还是教堂都不可能轻易地操控人们的信仰了。

从迷信中解脱出来，是人类发展极其重要和有意义的一步，但是现代社会，却对于这一方面的内容不分精华和糟粕全盘否定。许多现代科学宣称，一切都可以用科学进行解释，世界上根本就不存在什么隐形的危险力量。其实不然。世界上的确存在一些隐形的力量——这些力量也能够影响你。弄清楚这些隐形力量，并不需要将我们带回过去充满迷信的黑暗时代。我们只需简单地，从另一个重要的维度来看待这一问题即可。

情绪和思想能量

正如现代科学所认可的，世间万物皆由能量组成，你也不例外。能量的种类多种多样，如思想能量和情感能量。

每当你感受到或者想到什么，能量就进入了你的情感和思想中——并且，这种能量会续存其中。这些能量不会凭空蒸发或者消失，而是遵循宇宙中的自然法则，继续存在。

能量继续以氛围和气场的形式存在，成为情感或者思想的体现。这也就是为什么我们常说，一间屋子或者房子里充满了某种氛围。这种氛围就是生活其中或者劳作其中的人们所散发出来的能量。人们散发出来的情绪就是能量。其实，人类就像电鳗一样，电鳗的身体中有一种电场，能持续不断地发电——当然，这种电量不至于使触碰的人致死，但是却会让人感到不适。

站在一个怒气冲天的人身边，你就会有深切的体会，你能感受到他的愤怒，并吸收掉他的怒气。当然，每个人的敏感程度并不相同，但我还从没见过完全不敏感的人。

正如一些人住过的房间，他们离开很久以后，房间里还充斥着他们的能量。还有许多地方，虽然故人已去，但是还存有他们的历史印记。身处一座古城的废墟中，或者亲临一个古战场，许多人都还能感受到当时的那种氛围。

然而，这还只是冰山一角。我们的地球上，现在生活着六十多亿人口，因此也充满了人们的各种能量。地球上还蕴藏着全人类的历史力量——故人的全部思想和情感能量。

当然，地球上还蕴含着仁慈、关爱、创造和慷慨豁达的能量。但是我们的星球上，也有金钱、美色和权力的活力场，还有残忍、愤怒、贪婪、操控、恐惧等能量场。你可以想象，置身于这样的能量场中，人们会有多么紧张害怕。

因此，世界上确实存在着隐形力量，并且会对我们产生影响。几千年来，无数人的消极思想和情绪所散发出的能量都汇聚其中，这也是这种隐形力量的特征之一。故人们的活力和能量并不会凭空消失，而是以这样或那样的形式，存在于世间。而你生活于世间，因而有时，这些隐形力量也会影响到你。

古老的文化中，如古希腊和古罗马，将这种强大的能量场称之为男神和女神。如果再与自然力结合起来，这些男神女神则无比强大。古人们都知道，要对这些隐形力量具有敏感性，并要懂得如何掌控这些力量。

例如，宇宙中存在着成长和运动的自然力，能够推开甚至摧毁挡道的一切。你可以想一想，一棵大树的成长过程、火山爆发的过程，或者宇宙的形成过程，将这些力量与具有攻击性的人类形象融合，就有了：雷神！战神！如果你进入了这样的能量场，定会影响到你的情绪、思想和行为。有些人，临上战场前，都会跳起战前舞，目的就是为了将自己与强大的能量场连接起来，以期战斗的胜利。新西兰的橄榄球队，全黑队①在比赛前都会跳起他们的毛利人赛前舞。

有一个现代心理学派，是由瑞士医生兼精神分析学家卡尔·荣格所创立的，这一学派完全认可这些男神和女神——即他所称的各种"原型"——及他们的力量。二战前，荣格接触了一些德国病人。他发现，他们的梦境中不断地出现德国和北欧的战神。他认为这些原型存在于人类的"集体潜意识"中的原因，是整个人类都与这种巨大的潜意识认知相连。在这片能量的海洋中，汇聚的是全人类的情感和思想，并与大自然的生命力和创造力想融合。

---

① 新西兰国家橄榄球队。

世人皆共感者

电视剧《星际迷航》中有一位女舰长,她的主要任务就是去感知和感受外界力量。而她既不懂通灵术也不会心灵感应,她只是一个"共感者",具备共感的能力,能够感受到他人的感受。

就我个人来看,世人皆共感者。共感是人类不可或缺的能力。当然你也能通过他人肢体语言和声音的变化来感知许多事情。不过,共感是具有一定能量基础的,你能感受到他人散发出的能量。双目失明的人,较之常人来说,共感能力更强。

共感是一种自然能力,当一种能量进入你的磁场后,通过进入你的身体与你产生共鸣,并触发你的神经反应和激素分泌。与之相似的还有,迁徙的鸟能够根据地球磁场的变化,调整它们的飞行路径;磁场的变化能够触发迁徙中的鸟体内微妙的化学反应。

这也就是说,无论你愿意与否,存在于你周围的隐形能量场,你生来就能感知。直言之:如果你进入了一个充满怒气的能量场，那么你就能感受并体验到那种怒气；如果你置身于恐惧的能量场中，那么你就能感受并体验到那种恐惧。人人都具备感知消极能量的能力，也会受到这些能量的影响。

如果一味地忽视这些隐形力量，实则是一种无知的表现。世界上的确存在隐形能量，这些能量会影响你的心情，有时甚至让你害怕。明白了这些隐形能量是怎么回事，你就可以释怀。

如果你连自己周围有什么都不知道，又怎么能拥有安全感呢。如果你知道身边的确存在着隐形力量，起码你就知道了你要应对的是什么。

知己知彼，方能百战百胜。这就像有人对你粗鲁无礼，而你却不知道为什么。如果知道了他为什么无礼的原因，如无礼就是他的行为方式，或者他正处于精神崩溃中，或者是他误会了你，就会让你释然，不再焦虑。由于清楚了是怎么回事，你就可以放松下来，自如应对或者直接忽视。

因此，清楚了自己具有共感的能力，能够感受到周围的能量和氛围——就如这个星球上的所有人一样——同时，你需要掌控自己这方面的能力。有时，你可能心情正好，但是却无缘无故地焦躁起来，不知为什么自己的情绪会突然发生如此这般的变化。可能这时，你所感受的并不是自己的情绪，而是其他人的情绪。

我的一个朋友发现，他能够立即感知到一个聚会或者俱乐部的氛围。长久以来，他一直以为，自己在这样的场合下，可能是太腼腆或者太谨慎了。但实际上，是他吸收了周围的能量，并影响了他的情绪。现在，在进入这样的地方之前，他都会在门口停一会儿，观察周围的环境是如何影响他的情绪的。由于他明白了自己产生这种感觉的原因，明显变得比以前更自信，更善交际了。

物以类聚

明白了能量是怎么回事，你就可以避免一些产生不快的想法。物以类聚。如果一种事物以某种特殊的频率振动，那么这种事物就会吸引与之振动频率相同的事物，并与之建立联系。这是最基本的物理法则。

社交也是如此。脾性相似的人总是会相互吸引。忧郁的人喜欢与忧郁的人凑到一起，快乐的人喜欢与快乐的人聚在一起，有权有势的人只喜欢与同样有权有势的人结交，这是普遍现象。每一类群体都有自己的能量场、气场和影响力。人们本能地就能感觉出，自己是否适合某个群体，能否与之和谐相处——或者自己是否属于某个群体。

个体也是如此。只有那些与你的能量场相似的能量，才能将你吸引，这既有其积极的一面，也有其消极的方面。如果你散发出的是消极的情绪，那么消极的能量也就更容易接近你，你自身的消极气场，不仅会吸引外部的消极能量，还为其创造了一个良好的登陆码头。

消极的能量不可能在一个积极乐观的人身上落脚，只可能与其擦肩而过。但是，如果一个人散发出的能量能够与消极能量产生共鸣，那么消极能量定会在他身上驻足。例如，有时虽然你嘴上并不承认，但是实际上，内心早已充满嫉妒或愤怒，这时你可能就会吸引住那些嫉妒心强、易怒易躁的人和能量，这可不是什么美好的感觉。

有时，虽然你表面表现出了一副愉快乐观的样子，但是内心中却掩藏着愤怒和压抑的情绪，这些情绪同样会吸引与之相似的能量。因此，一个表面上"积极乐观"的人，也很容易受到外部消极能量的影响。这一现实对很多人来说，是难于接受的，特别是那些习惯强装镇定、一副高傲外表的人。你可能自以为积极乐观、有自控能力，但是表面姿态之下，你很容易被那些你认为难以相处的人触发内心消极的情绪。

我记得，有一位女班主任，十分专业敬业，关爱学生，是一名优秀的模范教师。不幸的是，在其优秀的表面之下，一直压抑着愤怒和不满，而她也不愿意承认自己的这一面。每当面对急躁易怒的家长时，这种情绪就会表现出来，即使这类家长能够控制住自己的情绪，表现得很客气，她也难抑自己的情绪。这位班主任外表和蔼可亲，笑容可掬，掩饰了自己的真实内心。每当面对与自己内心相似的人时，真实的内心就会浮出水面，表现为一系列肢体语言，如咬牙切齿、双拳紧握。每当应对与她同样压抑和掩饰自己内心的人时，她就能感受到他们身上那种咄咄逼人的气场，并触发自己消极的一面。

  当她明白了能量共鸣对自己产生的影响,并承认自己内心确实还没有释怀过去的情感伤痛时,她开始努力掌控自己,慢慢地,消极情绪就不再那么容易触发了。

与集体能量共鸣

我们最好面对事实,除非你是一个天使,否则你也与普通大众一般,都有消极的一面。因此,你也会感受到与你内心相似的外部能量场,并受其影响。你不仅会受到单个个体所散发出的能量的影响,还会受到大群体所共有的集体能量的影响。

如果你进入了一个充满自私或者恐惧的集体能量场,你就会受到自私或者恐惧的集体能量的影响。这就好像转动收音机的调频旋钮一样,你的能量频率是可以调整的,用以接收不同的波段信号。

了解自己是多么容易受影响,是非常有必要的。这些集体能量,有时会影响到一个人的欲望。因此有的人会痴迷于一种独特的时装,而有的人则会着迷于一种小汽车或者一种家具。

年轻人可能会对最流行的唱片或者运动鞋志在必得。这些情况,与人们的身份和品位有关,人们不仅出于惯有的心理因素,具有获得某种形象和身份的欲望。他们还会受到周围充满各种欲望的集体能量的影响，这就像那些漂流在水中的木头一样，对于潮水，几乎不具任何抵抗力。

我曾见过一个人，意志力强大坚定，但是却承认自己一直对一种时尚服装很着迷。他说，大脑中好像有一只隐形的老鼠一样，不停地在里面打洞，还一个劲地唠叨，要是得不到，他就会感到浑身不舒服。他深陷充满这种欲望的集体能量之中，即对时尚狂热的集体能量。

在世界各地，你都能见到有些个人或者团体会突然参与某种群体活动，做一些他们从来想都没想过的事。可能你还记得那些图片，图中一些卢旺达妇女手持弯刀和大刀——其中有母亲、白领和受过高等教育的人——横冲直撞，对另一个种族的人乱砍乱杀。这里就存在一个集体能量场，富含暴力和攻击性。在这个案例中，那些平时慈爱的女性，被势不可挡的集体能量压倒，并将这种能量带入了自己的行为中。

时常问问自己：自己的一生中，是否被带入过充满暴力的集体能量场中？这对自己是有益的。

你将身体调到了哪个频率？你是链接到了仁慈善良的能量场还是愤怒仇恨的能量场？这些问题至关重要，因为你需要清醒地了解自己进入了怎样的境地。评估自己受到隐形力量影响的程度，这才是明智之举。你需要承认自己存在消极的一面，包括你所隐藏和否认的情绪，因为这消极的一面会吸引更多同样消极的能量——并创造出更多相似的能量。

因此，对于自己的态度和情绪，你首先要诚实面对。当发现自己性格中消极的一面时，以一种仁慈善良的态度去对待。那么，你用智慧和热情的思想所创造出的能量，就能够让你远离那些外部消极能量，保护你不受其影响。

能量过载和能量链接

有时，由于外部能量场的能量过载，有的人可能会暂时与自己最真实的情感失联，因此也就失去了做出明智选择的能力。有的人会因此而皈依一种宗教或者投入政治事业，他们所展现出的激情和狂热，可能远远超过他们本身所具有的激情。实则，他们的能量是被周围的能量场吸收，并充当起了能量的传输通道。

这种激情通常让人感到愉悦，让那些没有安全感的人，体会到一种权力和身份，他们不能——或许是不愿意——与这种力量抗衡。除了与他们现在所信奉的内容相关的，其他的一切他们好像都不能做，也不能说。就我看来，这种无意识的傀儡行为，是对人性尊严的贬低。

经济恐慌是另一种普遍的集体能量场，常常让人们产生能量过载的情况。当你收到一张意料之外的账单，或者看到银行账户出现赤字时，就会出现这种症状。

恐慌会使人突发紧张感，程度之强烈，会导致人们出现一些严重的症状，如眼花，甚至眩晕。有些人，很不幸，由于经济拮据，经常出现经济恐慌。我见过许多人，当看到信箱里的各种账单票据时，会吓得全身发抖。我还见过一些人，在查看账户余额后，竟然会直冒冷汗，口舌变干。

就这一课题，经过多年的研究后，我得出结论，当人们出现这种焦虑时，他们实际上是链接上了经济恐慌的集体能量场。这是现存的最强大的能量场之一，链接着各种原始恐惧，如生存、饥饿、流离失所、失子之痛等。想一想，几千年来，人们为了金钱和生存所产生的各种可怕的情绪和思想；再想一想，围绕着金钱产生的贪污腐败、卖淫嫖娼等恶劣行为。我将这种能量场称之为"经济恐慌中的黑洞"。

这种能量场无处不在，只要你对金钱出现丝毫担忧，瞬间就有可能链接上更大的经济恐慌能量场——并立即能感受到其中的各种消极情绪。很可怕，是吗？这就叫祸不单行。你体验到的，不仅是你自己内心的恐惧，还有整个人类创造出来的恐惧。

你之所以会受到所在集体的影响，主要是因为作为其中的一员，你与整个集体的能量场是链接在一起的。你是否观察过，一大群飞翔中的大雁或者一群正在游动的鱼，能够突然整齐划一地改变前进的方向。你可能会困惑，它们究竟是怎么做到的。这些鸟也好，鱼也好，相互之间是通过能量和磁场链接在一起的，正因为如此，它们才能做到整齐划一。

你时常都能看到，人们会像在一个磁场中似的，随波逐流——即从众本能——如在体育比赛中、演唱会中，以及股市中，人们的行为方式的相似。人们发现很难抵制这种隐形的力量，有时甚至不愿意抵制。

有时，整整一个国家或者一个大洲的人，都会共享一种情绪。"9·11"事件①之后，许多人都经历了一场能量冲击波。一时间，好像整个国家的人都链接上了伤痛和恐惧的能量。一开始，的确只是经历事件本身的人才感到震惊和恐惧，但是之后，成百上千万的人，虽然没有亲身经历，但也都感受到了这种恐惧。他们创造出了一种充满恐惧的集体能量场，然后又体验到了这些恐惧，好像危险真的存在似的。因此，他们要应对的，首先是最初的悲剧所造成的创伤，然后还有集体能量场中的消极情绪。

悲痛在整个集体中蔓延，最初的悲剧还会引发一波又一波的悲观情绪。再比如，戴安娜王妃去世后，弥漫英国上下的悲痛情绪。整个英国好像都陷入了极度悲痛的情绪中。当然，大部分人所感受到的悲痛，可能并不仅仅是这位年轻王妃的离世，还有不断蔓延滋长的集体能量。不过，集体能量的蔓延也有其有利的一面，在王妃的葬礼上，整个国家再次经历了这种集体能量，所有的大城小镇一片寂静，如治愈剂一样，抚慰了整个国家。

---

① 又称"9·11恐怖袭击事件"，是2001年9月11日发生在美国本土的一起系列恐怖袭击事件。

还有一个例子，也体现了集体能量场的有利影响，那就是在世界音乐会的现场中。当全球直播"现场援助"慈善音乐会①时，谁能忘记当时横扫整个世界的那种激动感觉？

　　抑或在此之前，全球卫星直播，由披头士摇滚乐队演唱的《你所需要的就是爱》这首歌时，在全世界所传递的爱的力量，谁能够忘记？

　　世界各地的宗教节日，所创造出的巨大能量场，也能让全世界的人感受到。星期日对许多人来说是安静惬意的，不用工作，可以随心购物，整个国家的人都沉浸于轻松安静的集体能量场之中。

　　心理治疗过程中，人们也有可能链接到其他人的情绪。日积月累，治疗室中形成了强大的集体能量场。一些客户来后，不断地发泄自己的愤怒、不满或者痛苦——但是却不起作用。我敢肯定，当许多客户无休无止地发泄自己的紧张情绪时——不管他们的原始创伤有多么可怕、多么痛苦——实际上，都链接上了治疗室中的集体能量场，他们充当了能量场的传输通道。他们之所以情不自禁地痛哭和愤怒，是因为他们一直起着传输通道的作用，传输着那些并不属于他们的情绪，他们甚至可能会对这种体验上瘾。

---

　　① 1985年7月13日，在伦敦温布利球场，查尔斯王子和戴安娜王妃正式开启 Live Aid，这是一场全球性的摇滚音乐会，旨在为救济遭受饥荒的非洲人筹集资金。

从小被父母遗弃的女子、被生父虐待的男子，都需要将自己的经历讲述出来，将自己的愤怒和痛苦发泄出来——但是有的时候，他们可能也链接到一些本不是自己的情绪，不过奇怪的是，他们却很享受这种发泄方式，并乐此不疲。

合理应对能量过载

这种情况，会让治疗师很难评估你所发泄的强大情绪，究竟是你自己的，还是集体能量场中的。就我个人多年的经验，倒是有一种非常实际有用的方法可以判断出，这些情绪究竟是不是你自己的：究竟这些情绪是你真实的，仅属于自己的，还是链接到了一种夸张的、戏剧性的甚至是疯狂失控的气场和能量？

感受并表达真实的个人情绪与链接到集体能量场的情绪之间，是有区别的。区别就在于，集体能量场的情绪是强大而密集的。一个个体所拥有的愤怒或恐惧是很有限的，但是，一旦他链接到了外部能量场，那么这种愤怒和恐惧的情绪，就是无休无止、异常强大的。显然，一个人的愤怒或恐惧，与一千人的愤怒或恐惧相比，是微乎其微的。

我这样说，对那些长年挣扎在痛苦情绪中的人来说，听起来有点刻薄不公。"你的一些情绪恐怕根本不是自己的，你需要去管控和接纳这些情绪"，这样的建议听起来的确十分具有挑战性。但是，请相信我，对于你自己真实合理的愤怒之情和受伤之心，我丝毫没有让你去压抑或者克制的意思。但是，同时，你最好也要承认，链接到集体能量场也是有可能的，你应采取开明的态度，你根本没有必要身陷那些无休无止的痛苦循环之中，更何况这些痛苦本就不是你的。

就我个人的经验而言，真实的情绪与那些你所链接到的外部情绪之间的区别，是可以在某个特定时刻辨别出来的。在某个特定时刻，你的内心突然产生一丝疯狂失控，开始发泄自己的情绪，止都止不住。刚开始的一两次，可能就是个人真实情绪的发泄，但是之后的疯狂失控，我相信就是与外部力量链接后的表现。

当一个人开始发泄他积蓄已久的情绪时，这种情绪中蕴含着非常强大的力量——我丝毫不会怀疑其中的真实性。

但是，之后的情绪宣泄主要是疯狂失控或者小题大做了。此时的情绪也就变成了闹剧。这个时候，我相信，那个人一定是链接上了不属于自己的情绪。

我曾经有一个客户，小时候不断受到父母的虐待。治疗持续了一段时间后，她已将自己的愤慨情绪发泄了多次。有一次，她再次向我倾诉父母对她的虐待，并发泄自己的愤怒情绪。但是，突然她脸红了，整个身体紧张起来，她的声音都变了，一种巨大的紧张力量从她的身上表现出来。我让她停下来，我问她，是不是真的想以那样的方式来表达内心的创伤。"想又不想。"她回答道，"我为任何一个有过这样经历的孩子感到愤怒！""你想成为他们愤怒情绪的传输通道吗？"我问。她不想。最后她从事了一项社会公益职业，专门帮助那些贫苦和卑弱的人。

除了能够感受到自己的情绪以外，你还有可能成为集体能量场的传输通道。从自己真实情绪的表达至链接到大家的情绪，通常的转折点就是，语音语调的变化，以及紧张情绪的夸大。这一转折点，在一些政治鼓吹者和宗教布道者身上，显而易见。前一秒钟，他们还是在真情讲演；后一秒钟，他们就变得慷慨激昂，整个演说、布道如戏剧一般。你不妨看一看，伊恩·佩斯利①在进行政治演说时，是如何变得慷慨激昂的。在电影中，我们能看到希特勒在大众面前讲话时声音的转变。

回到家，对着镜子看看自己，你会发现自己也会出现这样的情况。前一分钟，你还以微妙的方式表达着自己的不满和愤怒；后一分钟，就演变成了奥斯卡得奖者的激情演说了。

最终，你需要对自己的行为做出评判。

有的人，一生中不断地上演各种闹剧，宣泄着自己的忧虑和忧愁。他们似乎被困在了这种生活态度中。因此，他们有可能是链接到了并不属于他们的能量场，充当起了充满忧愁的集体能量场的传输通道。

那么，怎么办呢？

---

① 北爱尔兰地方议会议员、英国下议院议员、北爱尔兰民主统一党党魁。

首先，你要承认这些外部能量场的存在，并尝试去理解。只要能够承认这些能量场的存在，就能让你立即释怀，因为你清楚地知道了自己受到了什么情绪的影响。那些受到经济恐慌症困扰的人，如果能在第一时间了解到"经济恐慌的黑洞"这一能量场，他们就会感到轻松一些。知道这种生不如死的感受并不是他们自己的情绪，对他们来说无疑是一个好消息。

其次，再回到前面提到的一个重要生存技能，那就是适时暂停的方法。适时暂停，关注自己身体中的变化，管控身体中激发情绪的化学物质，返回自己的内在核心，警惕自己正发生的变化——从精神上远离——就能打破与外界能量场的链接。这样你就可以与外部能量场断开联系，因为你有自己的气场，并持有敏锐警觉的心态，永远不要低估自己的精神力量。

当你再次经历经济恐慌时，暂停一会儿，对自己说诸如以下的话，"是的，我现在可能正值经济困难时期，但是这种恐慌的情绪并不是我个人仅有的。这些情绪来自更大的能量场，并不属于我。"只要意识到这一点，就足以让你远离外部能量场的影响。

试想一下，如果那些激进的宗教、政治和民族主义者，宗教激进主义者，每当他们情绪异常激动、慷慨激昂时，都能适时暂停一下，会是什么样的结果？那些由他们所引发的残忍行为和不公都将不复存在，我们的世界也就离和平更近一步。

勿创造消极能量

正如你会受到外部能量场的影响一样,你自己所创造出的气氛和能量场也会影响他人。对于个人的情绪和思想所创造出的能量,你要小心谨慎,这些能量会从你的身上散发出来,进入相似的能量场中,并对他人造成影响。

有的时候,特别是面临危机和危险的情况下,人们很难不产生担忧与焦虑的思想和情绪。然而,一旦你开始将这些思想和情绪发泄出来时,就为已有的能量场增加了更多消极的能量。担忧的行为会创造出消极的气氛,如果你生病了,你愿意看到你的医生一脸焦虑,散发出担忧的气场吗?担忧是与恐惧息息相连的,担忧的能量只能使情况更加恶化,让你更加难过,而你真正需要的是自信和乐观的气场。

想一想,如果你纵观世界,看到一些可怕的事正在发生,你认为这种情况下,更需要什么?需要的一定不是悲痛、消极、苦恼和焦虑的气场。从能量学的角度上说,这些气场只会让情况变得更糟糕。处于危机、冲突和悲痛中,更需要关爱、接纳、热情、乐观、快乐、帮助、共感心和同情心,以积极乐观的方式解决问题。

我认识一个虔诚的和平主义者，对世界安全极度担忧，对实现世界和平迫切之极，以至于紧张的情绪全部彰显在脸上。但是，他对世界又散发出了怎样的能量呢？

这方面，他有自己需要解决的问题，解决了，他才能感觉好受些。因而，他所散发出的是需要的能量——对世界和平的需要。而这又是另一种极端，也会创造出更多的消极情绪和反应。

此外，你所散发出的消极情绪和思想，又会链接到周围所有的消极能量。担忧反而会吸引那些你所担忧的能量，如果你担忧他人，你其实是直接对他们散发出悲观的能量，同时也将更多的消极能量引向他们。怪不得人们常说，天下本无事，庸人自扰之。

当然，有的时候，我们遇到的事情可能太痛苦了，以至于暂时被不幸和悲伤所打倒，完全沉浸于痛苦之中。如好友逝去或者其他悲剧，都会让人痛苦不已，情绪难抑，这也是正常的。但是，一旦你开始宣泄自己的痛苦情绪的时候，你就需要考虑到，反复经历这些悲痛的思想和消极的能量所带来的后果。因此，你需要以一种更积极的方式来引导你的思想和能量——不只是为了你自己，也是为了他人。

世界各地，那些通过祈祷和静坐冥想的人，所创造出的思想和能量，都是积极和仁慈的。历朝历代，教堂和寺庙中所做的祷告，通常都是围绕着祈求世界和平这一主旨进行的。特别是随着互联网时代的到来，人们更容易相互联系起来，共同交流如何集中能量，在哪里集中，什么时候集中。

在危急情况下，他们会将能量集中在出现困难的地区，并传递和平积极的思想。对于出现冲突的地方，他们相信，对立双方的领导人，有朝一日终会冰释前嫌，握手言和，建立起真挚的友谊。

他们传送的是一波又一波和平和友好的能量。对这些静坐冥想的人和虔诚祈祷的人来说，是不会对自己不喜欢的人评头论足的，这也是极为重要的。一提到萨达姆·侯赛因[①]，人们很容易就给他冠上恶魔和独裁者之名。认为小布什[②]是右翼金融家口袋中的一个蠢货的人，大有人在。然而，产生这样的思想，只会创造出另一种极端，并给消极的能量场中添加更多负面能量。

对于萨达姆，他的追随者还有一种积极的看法，认为他实际上是真主的信使，是真主派来拯救全世界的。与此同时，人们看到的也是一个幸福繁荣的伊拉克。小布什，也有人把他看成是一个忠诚的队员，完全没有什么坏心眼的人。他对团队的忠心，不仅体现在对待把他带入白宫的共和党这个小团队上，还包括由世界各国领导人和世界人民组成的大团

---

① 伊拉克前总统。
② 美国前总统。

队上。

　　当然，那些痛恨萨达姆或小布什的人，对这些看法感到不以为然。然而，事实上，这些观点却是积极有益的，对这些领导人起到了激励鼓舞的作用。但凡困难时期，都应该传递积极乐观的思想，而不是担忧和恐惧的思想。无论积极乐观的思想有多少，都是极其重要并且有帮助的，这既适用于家庭之中，亲友之间、同事之间，同样也适用于世界的各种危机应对中。如果你的孩子或者所在的公司出现了问题，请保持一种积极的态度，这是一种隐形的力量，强大有效。

祖先和民族的影响

生活中还存在其他一些能量场，能对你产生巨大影响。这些能量是你生来就有的一种集体能量。

你的基因构成、你的血统、你的种族——都与集体能量场息息相关。无论你有多么独立，不论你脱离家庭或者民族文化有多久，你们之间的能量联系不会断。

有一个人，他所在的家庭世代都是军阀和势利小人。他的祖先们曾经做了许多欺凌和伤害他人的事。在他十几岁时，与家人分离，从事了与家族完全不同的事业，当起了一名护士。然而，他仍然呈现出了家族世代所特有的气场，即盛气凌人的气场。有时，甚至那些根本不认识他的人，对他产生的第一感觉就是，他是一个傲慢的恶霸。父辈们的罪恶，依然在他的身上残存。

就算你本人是一个品性善良的人，你仍然会与家族的能量藕断丝连。这种藕断丝连让你痛苦不已，你想要从中解脱出来，但是与家族的隐形联系却难以割断，从血缘上和能量上，你都与祖传的家族气场息息相关。

你可能是部族落、宗族或群体的一员，有着独特的历史。当出现冲突时，你与这些大群体间的联系就会浮现出来。我们不止一次地发现，那些热爱和平的人，突然就陷入了民族主义的情绪中，并随时准备为之战斗牺牲。他们与民族和种族之间的能量联系、与宗教和部族之间的能量联系，是剪不断的。如果有一场战事，一直没有得到合理的解决，那么，这里的能量场就像一个燃料箱一样，随时都有可能被再次点燃。如中东和北爱尔兰，还有巴基斯坦/印度边境，总是战事不断，冲突频发。

如果你是一个出生于中东地区的巴勒斯坦人，或者是出生于阿尔斯特①的新教徒，抑或是出生于印度的一个平民，或者是白人世界中的一个黑人，那么你很容易受到矛盾能量场的影响。由于与生俱来的能量，你常常会有一种难以抑制的冲动，与你的部族能量链接起来，并奋力保护你的部族——这也是理所当然。

一个生活在加沙②的巴勒斯坦年轻人，或者一个生活在贝尔法斯特③的年轻新教徒，都与他们部族的能量场紧紧相连。

仅仅因为你生于某个种族的家族中，你就与那个种族的

---

① 爱尔兰北部地区的旧称。
② 地中海港口城市。
③ 北爱尔兰首府。

历史能量场脱不了干系。如果你是英国人，你就避免不了英国人所创造的能量，有好也有坏。有充满公平公正、积极向上的能量场，也有因为长期的战争历史和帝国主义而创造出的消极能量场。就这样，父辈们所犯下的罪行，也就传到了他们的子女身上。就凭你特有的肤色，所属的种族、部族或者性别，你就会受到相应因素的影响。

同样，出生于非洲、美洲、亚洲或者澳洲的白人，都会面临特定的挑战。白人曾在这些大洲开辟过殖民地，统治、欺压过这里的人民。这些行为都创造出了一定的能量。你可能是那个对非洲人的自由心潮澎湃的人，但是，如果你是一个白人，只要与非洲人稍有接触，你就会情不自禁地为父辈们过去的罪行感到内疚。你可能想呐喊一声，这与你无关；然而，由于你的血统关系，你的能量与之相连，因此，你是无法摆脱的。此时，你需要的是接受现实，真诚相对。

你可能以前从没听过这样的理论，你可能并不愿意承认这一事实——然而，只有当你认可接受，才能有所改善。认可这些能量的存在，所产生的威胁感和危险感，相对来说就会减少许多。

你不用再去设法忽略脑海中嗡嗡作响的焦虑感，而是清醒地认识到自己的这种紧张感，是千百万人所共有的。我们可怜的星球饱含这样的历史悲剧。

不仅如此，只要作为一个人类，你就会与整个人类的能量相连。这也就不难解释，为什么有的人一大早醒来，就会有一种心慌害怕的感觉，这是因为他们感受到了世界其他地方正在发生的某些大型悲剧事件。

我记得，我有一个朋友，有一次正在牙买加①度假，在静谧的海滩上享受安静时光。突然，他感到一阵难过，内心产生了深深的焦虑。他说他能感受到"曾经横扫整个世界的战争之力"。后来，他发现，当时他产生这种感觉时，正值伊拉克②入侵科威特③时期，并触发了一系列战争，至今未解。

那些天生就具有共感能力和通灵能力的人，自然会对这些城市所遭遇的一切，感同身受，因为他们能够完完全全感受到整个城市环境中的狂怒。我治疗过许多具有共感能力的人，当他们吸收了现代城市中的所有能量后，就彻底崩溃了。我所要做的就是将他们带回正轨，并帮助他们建立更坚固的心理防线。

他们所描述的内容都出奇的相似。"突然，我身体中的每一个细胞，每一根纤维都能感受到每一个人的痛苦和遭遇。受虐的孩子们、被强奸的人们、野心勃勃的人、被打败的人、残暴的人……所有的一切都朝我袭来"。当他们在精神上，

---

① 一个拉丁美洲国家。
② 位于亚洲西南部，阿拉伯半岛东北部。
③ 全名科威特国，是一个位于西南亚阿拉伯半岛东北部、波斯湾西北部的君主制国家。首都科威特城。

重归稳定后，无一例外地，所有的人都告诉我，这种经历是对他们同情心的一种深刻教训。

有时，你可能一走出大门，就能感受到集体的能量。你遇到的第一个人是粗鲁或是和善；道路上是平静或是疯狂——就决定了你的一整天是什么样的。

人们之所以会产生大众情绪，有许多原因——天气、星象、国际政治、体育赛事结果等，都是影响因素。

你可能一直以为，自己只需要处理好个人的问题，担负个人的责任就可以了。而事实是，只要你是一个人类，你就是人类历史的一部分，就要承担相应的责任。因此，你需要面对现实，承担责任。当然，这听起来的确有些勉强——但是如果你忽视这一现实和责任，只会给你自己和他人带来更多痛苦。你和我，我们之间是存在相互联系的，我们又与一切存在联系。这就是人生的激情与悖论。

好消息

好消息是人类所创造出来的充满不幸的能量场,只是宇宙中最微小的一部分。诚然,人类是地球上极具影响力的组成部分,但是与无穷的宇宙相比,我们的地球是非常渺小的。而人类,相对于整个地球和宏伟的大自然来说,也是渺小的。诚然,人类可以暂时性地摧毁环境,将我们自己从地球上清除,但是地球环境是会再生的,几千年后又可恢复原貌。

与宇宙万物相比,人类只是微不足道的小生物。因此,我们所创造出的能量场——无论有多么不幸、残酷和痛苦——与广袤无垠的宇宙空间相比,也只是沧海一粟。我通常把人类所创造出来的集体能量场,称之为"凡人镇"。

你可能早已忽视了大自然和宇宙的存在,因为"凡人镇"太刺激太引人入胜了,以至于你都忽略了现实,忽略了比人类生活更宏大的宇宙这一维度,因而,你可能就会错过,比你周围环境更大、更强、更多的美好。

你是这样的一个人吗?你是否已经忽略了自己生活的真

正世界？你并不只是生活在"凡人镇"。不要忘记，你还是大自然和宇宙中的居民。

这样，你就不至于只受到人类历史能量场的负面影响，只要你承认自己身处的宇宙是宏大和慈爱的，你就能找到特需的平衡。这种体验是你的权利。同时，也因为，只要你活着，你就是宇宙中的一分子！但是你若生活在紧张中，或者缺乏对宇宙的关注，那么你将很难获得这样的感受。紧张感会将你紧紧地锁在自己的各种担忧中。日常生活中的各种刺激，会将你完全吞噬。

因此，寻找平衡吧，认可大自然的仁爱。这是你的选择。你深知，只要你能够心平气和，牢记现实生活的美好与神秘，就能将你带回现实中心。什么对你有用呢？什么能帮助你适时暂停，开阔视野，看到更宏大的现实呢？思想、图片、活动、爱好、人物、动物、气味、质地……

不要将自己的认知范围只局限在"凡人镇"的各种即时刺激中，这一点很重要。这对你的身体健康也同样重要。如果你仅局限在人类的能量世界中，你是不可能拥有安全感和轻松感的，也不可能变得强大。

英国国民医疗保健体制[①]最近做了一项研究，题目是《一所医院周围的绿树对健康的益处》，并公布了一项关于成本收益的预算，阐明如果病人能看见这些树，其恢复期和治

---

① 典型的全民福利型医疗体制。

愈期都会加速。绿树对你有用吗？如果有用，看见绿树时，请驻足片刻，欣赏一会儿。

与大自然和宇宙建立链接

你要想办法获得平衡。你不能永远只局限于自己的即时环境和境况中。因此,与大自然和宇宙重新链接起来,绝对是有必要的。没有这种关系,你不可能拥有安全感,也不会感到快乐。正是这种与大自然和宇宙的链接关系,才能保护你,不受消极能量场的影响。

与生活中的美好与力量建立链接关系,每个人的方法都不同。因此,在传授方法时,我一般都会谨慎小心,因人而异。不过,总体来说,建立这种链接关系,通常有三种不同的方式,实用有效。

- 沉思冥想
- 虔心投入
- 狂热释放

擅长沉思冥想的人,与大自然和宇宙建立链接时,喜欢安静闲适。他们会按照自己平静的频率,享受生活中的美、风景的美和宇宙的大美。当安静闲适时,他们会像卫星或雷达天线一样,敞开心怀,接收一切的美好。一旦他们发现了美好和有意义的事物,就会轻松自得地尽情吸收这些美好。

虔心投入的人,认为致力于某种特殊的活动、信仰、书籍、地点、物品或人物时,有助于与大自然和宇宙建立链接。他们更像激光束,专注于自己所热爱的事物,忠诚于此,并产生有益的效应。

狂热释放型的人,会让自己的身体、情绪和思想完全爆发,并以积极的能量推动自己不断向前。

他们通常会利用音乐、舞蹈和运动来"改变"意识的平常状态。他们喜欢完全释放自己,达到疯狂和狂喜的状态。

当然,我们中的大部分人,体内都存在这三种方式的因素。不过,我认为把与大自然和宇宙建立链接的方式,这样进行分类,能让我们获得有效的结论,以及最好地深化你与周围仁爱力量的关系。

如果你喜欢沉思冥想,那就沉思冥想。每天给自己一些安静的时光,享受生活中的美好。在公园里散散步,欣赏欣赏风景,享受美丽的蓝天,听听美妙的音乐,去自己喜欢的地方,做自己认为美好的事。冥想、沉思,享受自己的兴趣爱好。放松自我,吸收生活中的美好事物。

如果你天生就是一个虔心投入者,那就去投入吧。每天花些时间,致力于那些真正能触动你、打开你的内心的事。

帮助他人、关爱他人，就是一个非常不错的选择。祈祷和唱歌可能也能吸引你。各种艺术或许能唤起你投入的内心，同时满足你想要投入的愿望。

如果你是一个狂热释放者，那就做一些让你开心快乐的事吧。给自己一些时间，让自己内心的激情和健康的情绪不断流淌，疯狂地舞动，在大海中嬉戏，与不拘小节的人交朋友。无论你属于哪种类型，去做那些能让你认识到并感知到生活中的美好的事。

重建链接

你是否成功地与生命中的美好仁爱重建链接，是可以识别出来的。如果当你受到生活中的各种事物刺激时——事业、金钱、关系、身份、家庭、责任——你不再感到紧张，就说明你与生活中的美好重新建立了链接，因为你内心中的某个地方，总有美好的感觉。

这种与"生活中的美好事物"之间的联系，将会改变你体内的化学物质，并在你的身体中根深蒂固。你将不再沉浸在那充满肾上腺素和皮质醇的冰冷电池酸液中。你的身体开始分泌内啡肽，作为天然镇静剂，使你身心放松，创造出美妙的幸福感。

对许多人来说，与大自然和宇宙重新建立链接——即生活的精神维度——是保持身心健康最充足的燃料。很多研究表明，有宗教信仰的人或者相信生活充满美好的人，与那些没有信仰和没有希望的人相比，生病概率更低，同时康复的速度也更快。这就是与大自然和宇宙建立链接后，产生的美好魔力。这种魔力来自我们体内的化学物质、情绪心态和能量类型（我在《内啡肽效应》一书中，就这方面有全面的阐释）。

关键在于，你要发现令你快乐的事物，并适时暂停，享受这些快乐时刻。这些令你快乐的事物，就是你与生活中的美好重建链接的大门。这听起来似乎太简单容易，有的人根本不相信，但是，事实就是如此。这就像冲浪一样，你逐到海浪后，就任由海浪带你前进，你逐到了快乐的时刻，就让快乐携你前行。

美好、力量、仁爱——富有创造力和活力的生命，宇宙中的能量场——尽在此中。这一切，不会因为你情绪不好、害怕或者关注力在其他事情上而消失。这一切，永恒不变。这一切，不会藏起来，始终在你身边，与你随行。

你面临的唯一挑战，就是要找到让你感到美好的事物。可能是那割草机割草时发出的清新味道，也可能是那刚煮好的咖啡发出的浓郁香味，吸引到了你的注意力，你的各个感官都很享受，那么就暂停一会儿，利用这一机会，记住宇宙的存在。

什么对你能起作用，是那某一时刻、某一事件、某种思绪或者体验——只有你知道。躺在热水盆中，一边玩着填字游戏，一边看足球赛。适时暂停，在快乐中徜徉，拓宽心境。注意体会美好的感觉是如何在你的身体中流淌的，将注意力放在生活中所有美好的事物上，以及这些美好所产生的强大魔力之上。

　　这一简单的方法就能让你与生活中真正重要的事物链接起来，不要想当然地对待生活中的美好，细细品味这些美好。

　　此外，以慷慨豁达的态度对待自己在生活中积极乐观的体验。不要让其只在你自己的身体内静止不动。让其流动。这不是让你去吹嘘或炫耀你的自我满足感，而是以一颗善良仁爱和慷慨豁达之心，对待他人。让你的存在，成为对他人的一种默默帮助。让自己成为积极乐观的一盏灯塔，鼓动激励他人。给他人一些黄金时间，关注他人，分享你的美好。保持心流[1]状态，当生活中的美好流向你时，吸收这些美好，然后由内而外地散发出这些美好，传递积极有益的能量。

---

　　[1]　心流，指的是当人们沉浸在当下着手的某件事情或某个目标中时，全神贯注、全情投入并享受其中而体验到的一种精神状态。

治愈战争

有了这种坚实的心理基石,你也就能做到现实地对待人类的总体情况。人类所创造出的一波又一波充满痛苦、不公、仇恨、侵害和战争的能量场,普遍而强大。这些能量场,浮现在我们的星球周围,散发出巨大的消极能量,随时会与吸引他们的情形链接起来。这也是为什么我们要谨慎处理一切政治争端的原因。政治家和外交官们应对的不仅仅是单独的个人和国家,他们需要做的是,维持国际形势的平稳平静,以免战火的愤怒能量乘虚而入。

只要国与国之间的形势平静平稳,这些充满冲突的能量波就会静待其他相似的情形,伺机侵入。几个世纪以来,这些能量波似乎一直就在欧洲上空盘旋,导致一场又一场无穷无尽的战争。终于,在1945年,同盟国①取得胜利,才结束了这场世界大战,并成立了欧洲共同体。因此,这波消极能量无法再与欧洲建立链接,就伺机等待下一个目标。后来,爆发了西方国家和苏联/中国之间的冷战,于是,发展中国家

---

① 第二次世界大战时建立的反法西斯国家联盟。

的战事层出不穷。最终这场国际之战,随着苏联的解体而瓦解。但是,紧接着,西方国家又和伊斯兰教极端主义者之间形成了两极对峙的格局。因此,历史和能量在不断延续。

如果说,把这一切理解为是人类所遭受的报应,就有些形而上学了。我们所创造出来的能量,是可以撤销的,只不过需要一定的时间,还需要明确的目标和坚强的意志。由于能量可以相互链接,因此,个人的行为都是举足轻重的。

期望和平并为之祈祷,就是有益有效之举。此外,更加有效的方法是,避免思想极端化,同时敞开心扉,直面我们每个人都会遭受的痛苦。同样有效的还有,对待自己的愤怒和负面情绪,具备及时刹车的能力,并能够以积极乐观和坚定的意志,将所有的仇恨敌意转化成善良仁爱。这一切都有助于转化和补偿人类所创造出的充满冲突的集体能量场,并为世人创造出安全的能量。

这也是静坐冥想中祷语的重要内容,就这么简单。冥想的人们静静地坐着,心里虔诚默念这些祷语。

吸气,吸入负能量。呼气,呼出情与爱。
吸气,吸入负能量。呼气,呼出情与爱。
吸气,吸入负能量。呼气,呼出情与爱。

谨记

★注意自己的情绪和思想,因为它们能够产生能量场。

★对待消极能量场,应包容睿智。

★控制情绪,切勿小题大做或者疯狂失控,因为你可能只是链接到了其他人的能量。

★不要担忧——担忧只会吸引你所担忧的能量。

★对待危机和困难,积极乐观、设法应对。多去期待、想象并祈祷乐观的结果。

★你与家族和祖先所创造的能量场,以及你的祖国和民族的能量场是藕断丝连的。

★链接大自然和宇宙中的仁爱能量。

★由内向外地散发出仁爱的能量。

★吸入负能量,呼出情与爱。

6

创造能量保护

在纷乱的世界中保持自己强大的中心能量场

从全人医疗照护的角度来说，要想充满活力、身体健康，你首先需要一个强大的个人能量场或"气场"。如果你个人的能量场强劲有力，可以成为你坚实的保护墙，你就能击退各种外部影响。但是，如果你的能量场千疮百孔、弱不禁风或者一捅就破，那么对你的身体和心理都会产生消极的影响。

你可能深知这是一种什么样的感受。通常情况下，对于亲戚、同事或者熟人给你带来的困难和麻烦，你不难应对。但是，有时你却不想见到他们，因为一看见他们，你的心中不免产生许多不愉快的感觉：疲惫空乏、脆弱受伤、压抑紧张。我知道许多成年人，与他们年迈的父母在一起，就很不快乐。他们感觉，自己的能量场受到攻击，能量耗尽。我想到了一位强硬的女商人，雷厉风行，说一不二，但是每次看过她的母亲后，就变得有气无力了。

自己的能量场被外部气场入侵，确实是十分痛苦的一件事。很多情况下，你可能根本都不明白自己究竟是怎么了，感觉就好像是实实在在地被别人刺痛或弄伤一样，特别是你可能会莫名其妙地感到焦虑。有的人会消耗掉你所有的能量，有他们在，你就会感觉精疲力竭。你可能还会感觉到，有的人就像口香糖一样黏着你，甩都甩不掉。

你遇到的人，可能本身就特别紧张；或者走进的酒吧，里面充满蛮横霸道的人,这时,你立即就能感觉到他们的气场,让你浑身不舒服。你也有可能会走进一幢办公大楼,里面所有的员工都对他们的老板怨声载道,你突然就会感到紧张,言行方式可能会不由自主地变成你讨厌的样子。

你可能还发现自己就像一块海绵一样,吸取他人的能量。感觉就好像他人触发情绪的化学物质都跑到了你的身体里,一番挣扎后,无论他人是有意还是无意,你都会感受到他人能量的攻击。

有一个女士,由于男朋友变得极度暴躁和恶毒,痛苦地和他分了手。几个月以来,她一直感觉她的男朋友还停留在她的大脑中一样,不断用消极悲观的思想攻击她,摧毁了她平和的心态。我还知道一个公司老总,由于顾问工作不积极而把他解雇了,这个顾问暴跳如雷。之后,与那位女士一样,这个老总有了同样的症状:好像那个被解雇的顾问一直在他的大脑中,不停要求他道歉,对他纠缠不清。

几乎每个人都有过这样的经历。我在上公开课时,常常让学员们分享他们有过的类似经历。当人们发现这样的经历人人都有时,首先是感到惊讶,随后就会长舒一口气,如释重负。本章的内容重在阐述让你如何加强自己的能量场,保护自己,不受外部能量干扰。

脆弱的根源

我们首先要做的就是，找到自己的能量场为何脆弱的原因。原因多样，但首先可能仅仅是因为你身体太弱。

外部能量首先侵入的是你的能量场，然后侵入神经系统和内分泌系统。如果你的神经受损，体内化学物质不强大，那么外部气场定会对你产生影响，影响程度远远大于那些身体强壮、精力充沛的人。如果你身体虚弱，外部气场很容易入侵进来，你毫无抵抗之力。

你的身体越健康，对于外部气场，就越具抵抗力。如果你属于极为敏感性体质，那么解决的办法之一就是要注意身体健康。对，又一个提醒你保持健康的因子！做健康的事。不要沦陷在压抑沮丧的生活方式中。时常出去呼吸新鲜空气，做做运动。做自己喜欢做的事。注意饮食。每周至少做两次有氧运动。活动活动筋骨，保持精力充沛。让全身充满肌肉，强劲有力。谨服娱乐性药物，包括咖啡因和酒精。注意自己的精神面貌，不要没精打采、疲沓不振。

上述情况，没有你看不懂的！那就着手去做。但是，你可能正遭遇巨大压力，或者本身过于敏感，误以为自己能量场之所以脆弱，可能是心理上和精神上的原因。

可能，你需要的只是一些运动。但是，如果你长期患有心理或身体疾病，那你就需要尽可能地多做运动——同时放心，我在本章中描述的关于加强能量场的方法，对你同样有效。

但是，除了身体太弱以外，导致能量场脆弱的原因，还有更加不幸的。这主要发生在那些从小就不懂得或者没条件建立强大个人防线的人身上。年轻女孩，特别是年轻貌美的女孩，与男孩子相比，其能量场更容易受到侵犯，因为人们总在她们耳边赞美她们有多么美丽。我知道，女性们早已习惯他人侵入她们的能量场，以至于她们还挺享受的，并认为这是再正常不过的事了。特别是对于爱人和孩子们，她们根本没有任何防线，能量场轻易就被他人占领。毋庸置疑，她们会时常感到疲惫不堪，担忧焦虑。

在理想的世界中，人们会教育孩子们如何变得自信，如何明确清晰的防线。在理想的世界中，人们是用关爱之心以及平和之心照料孩子。孩子们在柔和的光线和温暖的氛围中成长。孩子们一出生，就有母亲柔软温暖的乳房哺育，与母亲亲密相依数月，得到了他们所需要的，也是他们所喜欢的温暖和安全感。渐渐地，孩子们不断强大起来，树立了自信心。孩子身边的成年人，帮助他们建立了坚实的心理防线，对于孩子们表现出的一些任性，表示赞许；同时，在必要的时候，给予孩子们果断但是却富含爱意的指导。

然而，并不是所有的孩子都拥有这种理想的生活。有的孩子，从母亲的子宫中一出来，看到的是刺眼的电灯和戴着口罩的医护人员。投入父母的怀抱时，父母们还是一脸茫然。从你生命的一开始，你可能就直接带入现代人类社会的迷乱节奏。这种情况下，你还有多大可能建立健康的防线？从一开始你的气场就受到外部能量的渗透。

更糟糕的是，可能你的父母、兄弟姐妹、亲友们，以这样那样的方式，对你刻薄无情。他们或不尊重你的身体防线，或不尊重你的情感防线。他们性情粗暴、凶狠，对你猜忌欺凌，甚至更糟。还有我前面提到的，年轻女孩子们频繁受到轻浮之人的影响。

能量场脆弱的第三个原因，可能是你天生就比较敏感。有一个人，身材高大魁梧，看着像个举重冠军或者国际橄榄球球员，但是他对身边的一切却极度敏感，哪怕周围环境发生最微弱的变化，都会让他感到极为不适。

本章所述的方法，能帮助你解决上述所有问题。即使你现在用不着，学会了也可以未雨绸缪，有备无患。这些方法以后可能会对你有用，有时你的朋友可能会在这方面询求你的帮助。

转移注意力

根据前面几个章节中所提到的方法技巧,当你受到外部气场的影响而感到不适时,你应做的第一件事就是,将你的注意力转移到自己的身体上。

当消极的能量侵入到你的能量场时,结果往往都是一样的。在你身体中的某个地方,开始分泌触发恐惧感和紧张感的激素。因此,这种情况下,你首先要做的就是让身体停止分泌这些化学物质,关注自己的身体。

你一定不想让外部能量在你的能量场中扎根。你只需要通过引导自己的意识去关注身体,就可以完全阻止这种情况的发生。

因此,第一种方法和前面的章节中建议的一样,适时暂停,不要惊慌失措,注意自己身体的变化。"啊,"你可以对自己说,"是这个人或这个地方的能量正在侵入我的能量场。"然后,将你的注意力放在自己的身体上。"嗨,身体,很抱歉发生了这样的事,但是我现在会传送让你安心的思想,让你的感觉重新好起来。"大脑中的信息,通过神经到达你的身体后,你立即就能感受到大脑积极乐观和关爱安慰的态度,触发恐惧的激素被阻断,取而代之的是触发幸福感的激素。

关键就在于,你要关注自己身体的变化,而不是一味消极悲观。一旦你迷失在自己消极悲观的情绪中,你也就失去了管控自己的能力。"什么?没情绪?"你可能会这样回答。"这不可能!我就是个一点就爆的人。"如果是这样的话,是该改一改自己的习惯了。当然你也可以采取其他方法措施。必要时,学会冷静。管控好自己的情绪,身体中才不会分泌触发消极情绪的化学物质。你一定要稳坐驾驶座,防止自己的身体受到外部能量的主导。

与趾高气扬的银行经理,或者令人生畏的高官显贵打交道时,是什么感觉?在你的大脑中,非常清楚应该如何做,但是身临其境时却无法控制自己,因为你不知不觉中触发了身体中的化学反应,于是你变得口干舌燥,语无伦次。

因此,你必须学着重新掌控自己的身体;关注自己的身体;传递关爱友善的思想;注意自己的气息变化;观察胸部的起伏情况;做几次深呼吸,让自己平静下来。让你的身体知道,你依然是自己的主宰!

有些修道院有这样的传统,新进的修道士都要到墓地待几天几夜。有些国家,会把尸体暴露在外让其自然腐烂,这对修道士们来说,可不是什么愉快的事情。对那些不习惯这种情形的人,腐烂中的尸体所产生的能量会让人极为不适。

这正是修道的目的所在。修道期间的修道士，需要在这种恐怖的情况下，通过关爱仁慈的思想，来平静身体，静心修道。他们不能产生情绪，他们不能害怕恐惧。时间久了，他们就会完全适应这种恐怖的气场，面对死亡和尸体达到平心静气。医生和护士们，也会以他们自己的方式，达到同样的效果。

同理，在面对各种危险和困难时，你也可以用这种方式达到心平气和。谨记，向你的身体传递安定关爱的信息，不要紧张惊慌。激发身体分泌内啡肽！对于正在入侵的消极能量，你的身体已在奋力抵抗，此时，身体可不希望大脑再担心焦虑，火上浇油了。

我曾经治疗过一个人，他的姐姐对他总是刻薄无礼，而他每次都是一激就怒。久而久之，他们只要一见面，就会大吵一架。我教他如何去关注姐姐的无礼，同时注意自己的情绪。之后，他将注意力集中在自己的身体上，注意当自己情绪激动时愤怒和痛苦的感觉。我交给他的任务是，将注意力集中在自己身上，不做任何反应，当自己情绪稳定后，再继续与姐姐交流。在他姐姐看来，他好像是在很认真地听她说话。实际上，她根本不知道他真正在做什么。

他不再产生过激情绪！由于见弟弟没有什么反应，姐姐再次尝试激怒他。他又一次，不做任何反应。因此，她不再对他刻薄无礼。持续了三十年的刻薄无礼和大吵大闹就这样结束了，仅仅因为他将所有的注意力放在了自己的身上。

加强你的能量场

刚才强调了身体健康的重要性。除此之外，当你需要时，还有其他简单的方法可以加强你的能量场。这就好像是下雨天，需要穿雨衣或打雨伞一样。学会这些方法，以备不时之需。

下面的方法都切实有效，因为这些方法都能将你的心智大脑、你的神经系统和你的能量场连接起来。能量随着你的思想而变，大脑很容易引导和推动能量的产生。因此，如果你能够想象并认为自己能够拥有一个强大健康的能量场，这其实就是创造一个强大健康能量场的开始。

然后，第一步，就是要认识并认可自己的确拥有能量场——想象、预视、感觉、冥想自己拥有能量场。第二步，你要开始想象，你的能量场是强大坚实并有明确防线的，任何消极的能量都无法入侵。你可以以多种方式，创建这种基本的思想。

将自己置身于一个气泡中

静静安坐，将自己的能量场想象成是一个大气泡。感觉或想象自己在这个气泡中（如果你不擅长想象，也没关系，大部人都不擅长想象，重要的是，去感觉这个气泡的存在）。

这个气泡向四面八方延伸几英尺后，形成清晰防线。慢慢呼气，想象着你的能量场中充满自己的能量，温暖地环绕在你身体的四周。想象你温暖湿润的呼吸中，洋溢着你的能量精华。当你呼气时，能量完全萦绕在你的四周，将你沉浸于能量精华之中。多做几次这样的练习。这样的练习会让你感到非常舒心，并有助于排出那些不属于自己的能量和影响。

加固气泡

想象你的能量场边缘有一层非常清晰的膜，就像一层结实透明的橡胶。确保这层膜将你完全笼罩——从你的头上、整个脊背，一直到你的脚趾，完全将你笼罩。想象并感觉这层膜只允许积极的能量进入，并能够阻挡一切消极的能量。这层膜弹性十足，因此，即使在拥挤的环境下，这层膜也会像潜水衣一样，紧贴着你。

装饰气泡

你可以装饰气泡的这层膜,用你认为具有保护性的图片装饰它。有的人会使用宗教符号和神圣图标来装饰。还有的人会用他们喜欢的图片、花纹或颜色来装饰。如何装饰,没有固定严格的要求。你可以用任何你喜欢的方式进行装饰。一般来说,人们常会使用"神圣"色彩来装饰,如银色、金色和紫罗兰色,因此,你不妨也试试——将这些色彩吸入你的身体,然后呼出使之充满你的气泡。不过,就我个人的经验来说,你最好使用那些让你感觉美好、强大和舒服的颜色和图像来装饰你的气泡。

使用不同的形状、动物和植物的形态

只要你愿意,你还可以改变气泡的形状和形态,找出最适合你的样子。首先,看看是否有什么动物的形态适合你。让你的气泡变成你喜欢的动物形态。看看第一个浮现在你脑海中的动物是什么。看看这种动物的形态是否让你感觉舒适,置身其中,是否让你感到安全。然后,再试试各种大树的形态。看看是否有哪一种树能让你感到强大安全。

还有其他形状,你都可以去尝试,可能对你同样有用。你可以试着把你的气泡变成一件长长的连帽斗篷,有美丽的衬里;或者变成金字塔、一束强光或者一团火焰。对有的人来说,这些形状非常有效。

使用盾牌

还有的人发现，在自己感觉最脆弱的身体部位想象着放一个小盾牌，也十分有效。这样，消极的能量碰到盾牌就被击退。盾牌的形状可以多种多样，上面也可以有各种你所喜欢的花纹和图像。盾牌可以是镜面制成的，用以反射能量。使用任何对你最有效的东西，当水火不容的思想发生冲突时，你可以将这个盾牌举起挡在头和大脑前面；当产生激烈的情绪变化时，你可以用这个盾牌挡住你的胸口。

练习使用这些方法技巧，久而久之，你就会找到最适合你的方式。能量气泡加固之后，持续耐用，你构建气泡时投入的时间和精力越多，气泡持续的时间越长。一般来说，我认为，如果你花五分钟专心构建和加固的气泡，至少能持续有效一个小时。

如果你明知自己将会遇到一种严重动摇自己能量场的情况，那么你最好提前花些时间，来构建你的保护气泡。如果你知道，将要与一个难缠的家庭打交道，或者要参加一个商业会谈，那么你最好提前几周就开始。每天花几分钟构建气泡，想象着自己将在那种情况下表现得坚定强大、心平气和。

你还可以使用这个盾牌和气泡来保护你的家人、家庭甚至你的汽车（我在《淡定的力量》一书中，详细阐述了相关内容）。

接地和"触底"

如同向身体传递仁爱友善的信息一样,许多人发现,通过相信他们的脚下踩着坚实的地面和土地,也一样能帮助他们加固能量场,获得强大的安全感。我们的思想和想象可以天马行空地自由发挥,但是我们的身体与大地一样,是由实实在在的物质组成。如果我们失去与大地的联系感,我们在身体上和精神上都会感到恍惚不定,因而形成脆弱的能量场。

如同大地上生活的所有生物一样,作为哺乳动物的我们,也应该能够感受到与大地息息相关的感觉。这也是那些长期使用双手在田园中劳动的人,要比那些不劳动的人能量场更坚实的原因。古英语中有一个美妙的词叫"底气"。如果说一个人"有底气",意思就是说这个人稳定可靠,特别是在变化的时代之中。这样的人,即使马儿脱缰而出,他们也能稳坐马背。有底气的人,一定是脚踏实地的。

当你情绪失控或者情绪激动时,最快的补救方法就是,到户外去,将头靠在一棵大树上,或者直接躺在地上。然后,想象着你过载的能量,大脑中吱吱作响的电流,正流向大地。

一些传统的全人治疗方法中，会建议你每天花一点时间，光脚触地。显然，当人们心理压力很大或者不堪精神重负之时，种花种草、运动锻炼和做一些体力活，都有助于振作精神。

这些活动同时还有助于将你身体中的能量与大地的能量稳定相连，并保护你的能量场。一个行之有效并广受欢迎的方法是，想象着你的能量从你的头顶向下流经你的身体，然后深入大地的核心。同时，你也能感受并想象到，大地的能量从地球的核心流回来，进入你的脊椎底部。许多股票经纪人，在激烈的交易中，都会站在地板上，通过脚踩着大地让自己冷静。

此外，还有其他一些接地的练习，如你可以想象：

- 你是一棵根须茂密的大树。
- 你是一座高大宏伟的山峰。
- 你在地下通道中，沿街而行。
- 大地炽热的核心正升至你的腹部之中。

再次强调，最好先去尝试，看看哪种方法对你最有效。乘飞机的长途旅行之中，你可以想象，有一股能量流，将你的身体与大地的核心紧密相连。

有一个人，惧怕坐飞机，于是，在上飞机之前和在飞机上时，他都会想象着自己与大地是相连的，感觉就好多了。

这就好像是他的身体有恐高症,与地面分离后,大脑引导着他去感受,有一股能量将他与大地连接起来,这样,他的身体才再次感到舒适安全。

热爱你的"敌人"

有的时候，你可能感觉自己好像受到他人能量的严重威胁，以至于自己的能量场处于危险之中。有的人在遭遇突然的分手，或者激烈的竞争，或者受人猜忌时，会产生这种感觉。如前所述，你可能感觉就像有人在你的大脑中一样，抑或感觉到一波波消极能量，正朝你涌来。

此时，你可以朝攻击你的人，直接回以相对或者平衡的能量，但永远不要朝你的"敌人"发送消极的思想和能量！因为这些消极的思想和能量会反弹到你身上。记住：物以类聚。如果你输出的是负能量，那么你吸引的也将是负能量。越是艰难的时候，你越需要输出积极的能量。对于你的敌人，反而要施予温暖、情感和关爱。

当然，如果你切实被一个人伤害过，这样做确实很难。但是你必须要将自己从受害者的角色中解放出来。作为一个受害者，心态本身就是危险的，甚至会摧毁自己，因为这种心态会吸引更多伤害你的能量。这听起来就很可怕，是吗？一个真正的受害者，反而会吸引更多的危险，就因为他/她感觉自己像一个受害者。然而,这个世界中的霸凌者,吸引他们的反而是那些脆弱伤感和自怨自艾的人,他们甚至能闻到这些弱者的气味。

我想到我上学时,那些在操场上,感到不自在和害怕的可怜孩子——正是这些孩子,无一例外地吸引了那些霸凌者。

因此,我请求你,对你的敌人,传递一丝自信和热烈的爱。从心理学的角度来说,这种理念可能是相悖的,甚至是不健康的,因为你在否定自己真实的感受。然而,从能量学的角度来说,如果你想重获安全感,你别无他法,只得这样做。相信我。排出那些失败的感觉和仇恨的心情,朝你的"敌人"散发出积极的能量。积极的能量能为你构建出强大的能量场,阻挡一切负能量。唯有积极的正能量才能成功地阻挡涌向你的消极负能量——最终击败你的敌人。

这是最有效的方法,花不了几分钟,哪怕每天只传递几秒钟的善意,也胜过完全没有,只不过效果有些微乎其微。让自己舒适舒心,放松自如。在你的内心找到最睿智、最美好的中心,相信向他人传递仁爱和善良的能量,是睿智之举。如果你无法找到你内心睿智的中心,那么请咬紧牙关,继续努力!请认真对待,即使你是在强装,也要认真对待。

这是一个佛教和尚教给我的方法。想象你的"敌人"就在你眼前。你向他或她鞠躬行礼,向他们的灵魂致意。然后,真诚地一遍又一遍地重复,我爱你!我爱你!我爱你!连续想10分钟。当然，你也可能想用其他的表达，如"祝福你幸福健康"，"愿你一生平安"等。

开始的几秒钟，你的思想可能不是那么的积极友善，但是随着你不断地重复这些话语，表现得十分真诚，慢慢地就变成真实的了。关键在于要不断地重复这些话语，并形成引你积极向前的能量。

这种积极的能量不仅能够散发出强大的正向力量，同时还能切断一切你可能携带的消极能量。我有一个朋友，是一位女士，特别害怕自己的老板。她的老板总是一副盛气凌人的样子，态度跋扈。就在她产生递交辞职信的念头时，她开始了"爱你的敌人"的练习。

一开始练习时，她并不热情，但是不久之后，她就有足够的力量阻拦他人能量的影响。这完全改变了她的态度，同时也增强了她的自信心。她的老板也感受到了她的变化，对她的态度也有所收敛。我的这个朋友最终找到了自己强大的中心，并可以大方自如地以自己的方式处事。她和她的老板现在形成了一个十分和睦的团队，整个办公室的人也随之受益。

寻求帮助

必要时,你也可以寻求帮助。从能量和精神的角度来说,哪里都能获得帮助。无论你的问题看似多么严重,要相信大自然和宇宙是无比强大和仁爱的。宇宙就是一个无边的蓄力池,里面充满积极的正能量。你可能不相信,但是只要你把你的思维意识扩大,不再局限于"凡人镇"中的各种艰辛与苦难,你就能感受到自己所生活的大自然和宇宙,有多么仁爱和伟大。

大自然和宇宙的仁爱与伟大是不断流动并不断增长的,这种仁爱之力通常时刻等待着进入并穿透一切阻止其增长的物质。只有紧张之心和封闭之心——可能是过去的悲惨经历造成的——才会阻挡这种有创造力和治愈力的力量进入你的生活。

所以,不要阻挡这种力量流入你的身体。你只需要等待,改变自己的态度,不要妨碍这种力量的自然流动。

当你向宇宙寻求帮助时,你的气场中就会产生新的心理和能量活力。这种活力会打开你的心扉,并向你传输强大积极的能量。寻求帮助,就好像在你的身体中创造出了一个真空吸尘器，吸入满满的积极的正能量。当遇到艰难困苦时，你只需适时暂停，打开心扉，聚焦生活中的美好，你可以大声呼唤寻求帮助，也可以在心里和大脑默念需要帮助。

你可能会觉得，开口寻求帮助不是一件容易的事。你可能认为，自己的问题应该自己解决，不能显示出自己的软弱性和依赖性。你可能甚至不愿意承认，自己是需要帮助的。我自己以前也是这样认为的，直到20年前，我遇到一个人，她告诉我，我其实是在浪费巨大的可利用资源。她还说，像我这样的人，如果要承认自己需要帮助，缺乏真正的勇气。我决定诚心一试，便放下了自己的傲慢，结果果然不同。寻求帮助，打开心扉，接纳积极的正能量，只会让自己受益匪浅。

世界上最伟大的心灵导师——耶稣、佛祖、穆罕默德、克里希那穆提①、摩西②——从来都不是只靠自己的。他们从来不会假装他们的力量和智慧，是自己的本质力量，而是非常明确地将自己定位为广大众生的仆人。

因此，当你发现自己深陷于恶劣情绪时，就大胆寻求帮助，获得仁爱之力。承认自己的渺小，相信宇宙的仁爱能量无处不有，请求帮助，与你最大的盟友重结欢好。

能给予你帮助的还有一些魂灵和天使。有些人悲催地不

---

① 近代第一位用通俗的语言向西方全面深入阐述东方哲学智慧的印度哲学家，被公认为20世纪最伟大的灵性导师。
② 《圣经》故事中犹太人的古代领袖。

相信大自然的智慧，失去了富有诗意的想象力，不相信世界上有天使存在。但是，就我个人而言，我相信天使是真实存在的。各个时代的所有文化中，男女老少都有一个与之平行的宇宙，里面也充满能量和生灵。树木、河流、建筑都是有灵性的。死去的人，灵魂依然存续。各个行星和恒星都像大山或湖泊一样，是强大的生命存在。这些宏大神秘的气场和能量，就在我们身边。

那些还没有沾染上现代社会气息的部族，他们告诉我们，无视隐形的维度，其实就是错过了一半的生活现实！相信你一定遇到过这样的情况，总感觉有什么新的异样的东西靠近你，但是你却看不见，也说不出是什么。我建议，那些持有怀疑态度的人，到荒野之中，如森林中独处一段时间，或者到博物馆、墓地、寺庙或者山顶待上一晚。然后，你再告诉我，世界上还有没有其他的存在。

许多人都会寻求天使的帮助。在悲伤难过或内心脆弱时，他们知道，天使就在他们身旁鼓励他们。他们只需静静地坐着，敞开心扉和心灵，寻求天使的帮助。在寻求帮助时，人们总是真诚地期待能够有所回应。回应通常就是你所获得的宽慰感，天使的气场和能量通常都是积极的，治愈你的心灵，给予你鼓励。

我写了一本关于如何与天使协同共处的书，《泰晤士报·教育副刊》特别评论了这些方法技巧在课堂中如何起到了积极有效的作用。一周后，《教育副刊》上还刊登了来自一位修女的信。这位修女曾任教师多年，她说，在她进行教育培训时，所有的教师学员都要求在教室里静坐一会儿，寻求天使的帮助。

无论你是否相信灵魂的存在——许多人是极端的无神论者——你都是生活在一个充满能量和意识的宇宙之中。你能看到摸到的实物，只是宇宙中最微小的部分，宇宙中主要是隐形的能量和能量场。你，如同万事万物一样，是由能量构成的。管控自己的能量，让自己感到强大安全，才是明智之举。

谨 记

★吃好睡好，多做运动，保持强健的神经系统。

★加强自己的能量场。

★学会控制自己的敏感程度。

★转移自己的注意力，关注身体的不适。

★加固自己的保护气泡，尝试各种形态——动物、树木、盾牌等——哪个有效用哪个。

★与大地亲密接触，获得安慰和力量。

★向你的"敌人"传输积极的思想。

★寻求大自然、神灵和天使的帮助。

7

勇于面对现实

揭示并克服一切破坏安全感的秘密程序

本书的根本目的非常简单，我就是希望能够帮助你成功地应对现代生活中的所有挑战和威胁。全书开始，我就在鼓励你要适时按下注意力的暂停键，关注自己身体的感受。通过将注意力放在自己的身体上，关注其真实的感觉和感受，并传递善意的关爱，你就能够管控并引导身体内化学物质的变化。你有能力让身体减少分泌那些激发紧张情绪的激素，而增加分泌激发灵活和快乐的激素。

　　基本技巧就是，将注意力放在自己的身体上。这也是一个人人都应该掌握的生活技能，实用有效。我听说，很多人在不同的情况下，都使用了这一技巧。

　　有一个小伙子，有一次，正高高兴兴地和女朋友一起排队，等着进一个夜总会跳舞。这时，来了几个喝得醉醺醺的家伙，一脸凶相，挤进了队伍中。那个小伙子气得双拳紧握。不过，他知道，要是那几个醉汉看到他那愤怒的双眼和紧张的身体的话，免不了要和他打一架。他之所以知道，是因为他以前经常和人打架。但是这一次，他忍住了，没有做出反应，而是以一种友善的方式，将注意力转移到自己的身体变化中。很快，他就平静下来。"冷静后，我感觉整个队伍周围都是平静的气氛。我伸出胳膊，温柔地搂住我的女友，一切安然无恙。"

纵观大局

然而，现实一点，大部分人所要面对的，并不仅仅是这类即时挑战。若想在心理上获得全面的安全感，若想让自己变得强大有力、自信快乐，是需要极大的智慧和勇气的。与生活在这个星球上的所有人一样，你可能也背负着一些情感创伤，给你的身心留下了一份紧张的酸液。缺乏安全感，容易焦虑，这些因素已植根在你的细胞中。

对于眼前的挑战，你或许还能应对，但是埋藏在你内心深处的一层层痛苦和恐惧，就没这么容易应对了。你就像嘴里含着一块硕大的彩色硬糖一样，持续不化，但是随着你慢慢地吮吸，就会不断变换颜色。许多强大体面的成功人士，对世界带来了积极的影响，但是却总是生活在担忧中，总觉得自己做得不够好，还可以再好一点，还有哪里似乎做得不对。他们从来没有满足感，因为在他们的心中，有许多过往的失败和恐惧所留下来的阴影。

我们需要面对的还有另一个现实。无论我们自己的生活有多么安全可靠，但是我们生活的环境中还存在着许多外部威胁。有的人，住着豪华别墅，拥有私家游泳池、网球场，还配有私人保镖，但是他们却无力阻挡地震、疾病、变革等的发生。你有能力保护自己的家，但是外在的问题和危险，无论你喜欢与否，都难以避免。

我认为，面对这些不愉快的现实情况，即你自己心中的伤痛和周围社会中潜在的各种危险，你都应该认真对待。不能让这些伤痛和危险困扰你。只有意识到这些现实情况的存在，你才能真正获得安全感，因为，只要你一味地回避这些现实，它们就会萦绕着你，让你痛苦万分。如果你否认这些现实情况的存在，它们就会变得更加强大，让你感到惶恐。世界上最大的恐惧就是无知的恐惧。请鼓起勇气，理智地面对你所不喜欢的一切——这样，你就能体验到非凡的自由感和全新的安全感。

让你直视自己的遭遇和生活中的痛苦，对你来说很难很可怕吗？如果是这样，我也可以理解，但是如果你一味地回避这些现实，那么你内心的平静和安全感，则缺乏坚实的基础。

你可能不愿意直视生活中的痛苦，但是只要你无视它们的存在，它们就会躲在暗处，一旦你体内的消极化学物质被触发，它们就会冒出来，破坏你心中的平静。大家都知道，那些不承认自己愤怒的人，通常都非常容易愤怒——如果有人指出他们易怒的性格，他们就会暴跳如雷。同样，无视生活苦难的人，也是最容易被这些苦难所打倒的人。

人们往往会抑制那些令他们害怕的思想。他们以为抑制住了这些思想，就能让他们感到安全——这只是他们的幻想。在珍珠港事件之前，就有人警告过美国情报部门，日本的飞机快到了，但是他们就是不肯相信。更准确地说，在他们的潜意识中，是不愿意相信的，因为威胁太大了，这不符合他们意识中本应该会发生的事。

再举一个例子。那些从事个人护理职业的人们都知道监控癌症信号的重要性。早发现才是治愈的关键。那些从不做体检的人，天真地认为只要看不见，癌症就不存在。有很多人，已经出现了许多重大疾病的危险信号，但是还是一味地无视，我认为这样的人，已是无可救药。而这些人通常就是那些在潜意识中害怕患有这些疾病的人。

同样，社会和政治现实状况也是如此。你应该关注社会和政治状况，防微杜渐。社会关爱如同个人关爱。无视问题的存在，只会恶化现实；假装问题不存在，更是致命的。

预防药物

一般情况下，人们都不愿意正视自己所不喜欢的事物。但是，无论如何，你还是要面对。

一个小孩割伤了手，去找妈妈，此时的妈妈即使不愿看到孩子受伤，也只能直视孩子的伤口。只有这样，她才能看清伤口究竟有多么严重。对有的人来说，直视伤口可不是一件容易的事，更不是一件什么愉悦的事。可能你看到别人痛苦的样子，也会很难过，或者一看到血就不舒服。但是，就急救而言，你个人的喜爱根本就无足轻重。

你只得硬着头皮包扎伤口，安慰孩子，将自己的一切不适都置之度外。相反，如果你不敢仔细观察伤口，你就会将孩子置于危险之中，这种行为就是一种自私的行为，甚至更严重地说，就是懦夫行为。

你自己把自己弄伤了，也是如此。你不可能简单地用毛巾一包就了事，迟早你都要正视你自己的伤口。如果因为你的忽视，导致伤口感染化脓，那就更糟了。直接地说，如果你连最初的伤口都不敢正视，那么等伤口恶化了，你要面对的挑战就更大了。不能直视自己伤痛的人，情绪上通常都比较压抑，这可以理解，但是你仍然需要勇敢一些。

人们不敢正视自己的伤痛，有的时候，只是因为生活节奏太快，以至于人们很难进入关爱自己的模式。你的一生都在全速向前，忙着生计，真要放慢脚步，可能反而是一件痛苦的事。

这就好像一列全速前进的列车，遇到紧急情况，突然急刹车一样，虽然刹车已经拉到底了，但是车轮仍然会急速向前冲，摩擦轨道，火星四溅。如果让你的急切之心突然降速，你的内心也会是这样的感觉。有时，当人们试图控制自己内心的愤怒时，他们的样子就好像要爆炸一样，很长时间以后，呼吸才能慢慢平稳。

有的成年人，不愿意正视他们心理创伤的原因，自称合情合理，什么珍惜你的当下和未来；什么该忘记的就忘记；不要为了弄明白一种植物，而将其连根拔起；只看积极乐观的方面，无视消极悲观的方面；别去研究什么内心；别人的问题与我无关，他们的生活，他们自己负责。

然而，这些看似合情合理的理由之下，却是冷冰无情。如果你真是这样看待问题的，那么你就要认识到，你可能从来没有善待过自己，也没有尊重过自己脆弱的一面。有可能，是你所成长的环境中，不幸地充满了各种危险，因此，你自认为这才是一种相对明智的生活方式。但是，是时候以一种明智友善的方式对待自己了。

预防性药物相对而言是良药，之所以称之为良药，是因为你可以在问题产生之前就知道其发生的可能性。因此，首先你必须以一种开明的态度正视各种问题。关注可能会出现的问题，是不会创造出疾病的，也不会招来困难，相反，是一种健康明智之举。

我希望你能够真正深入地感到快乐和安全，不要受过去的创伤，或者你不愿意承认的外部环境的影响而动摇。真正的希望和乐观并不是来自对问题的无视，而源自对所有现实情况的包容和接纳。

同样，你能够以仁慈友善的态度正视身体中的不适，并包容接纳它，你才能正视和包容更大的问题。这需要一种全新的勇气和性格力量。

恶性循环

心理上有伤痛,有一定程度的恐惧感,是很正常的。世界上如果有哪一个人,从没有经历过情感或精神上的伤痛,请告诉我,我将膜拜他的家庭、他上的学校和他的朋友。这类伤痛是不可避免的,这是在真实世界中成长成熟的自然过程,生不易,活更不易。

如果我们真的对什么都无所畏惧,那我们这个物种就不可能生存下来。作为一个生物体,作为一个基因传承者,我们要生存,就要经历恐惧,才可经一事,长一智。完全无惧,忽视危险的存在,只会让人变得愚昧。我讲的这些,就是要让你放心,有所畏惧,或者心中有伤痛,并不是什么羞耻之事。这是作为人必不可少的部分,也正因为如此,我们人才独具一格。

同样,试图忽视那些旧的伤痛,也是很正常的。人类本能的生存技能之一,就是忽视那些当下并不重要的事。人类无法同时消化生活中层出不穷的各种声音、活动、信号和事情。因此,人们只能集中精力解决当下重要的事,而忽视那些当下很难掌控的信息。

走在一条繁忙的城市大街上，或走进一间拥挤的办公室，人们只会专注于自己的目的地和与自己相关的面孔。他们会忽视其他的噪音、污染、对话、表情以及各种刺激。不过，在潜意识中，他们知道这一切都是存在的，这就如同你对待生活的态度一样，大步向前，忽视并忘记心理的创伤和痛苦。

然而，遗忘是要付出代价的。过去的心理伤痛会一直缠绕你几十年，影响你的情绪和行为。无法敞开心扉，或者不懂与人亲密交往，自私、害羞、嫉妒他人等行为，都会以这样或那样的方式，扎根于记忆之中。

如果有一人，长得很像小时候学校里欺负过你的人，你一看见他，可能就会脸红、说话结巴或者一脸讨好相；你也有可能一下呆若木鸡，本能地讨厌这个人，并想立即躲开。如果你遇到一个人，让你想起过去的伤痛，你可能会本能地采取一些让自己感觉安全的行为。

许多人，去见他们的银行经理、医生、律师或其他职业人士时，从看到这些人身着黑西装打着领带的那一刻起，就在气势上被征服了。潜意识中，在他们的眼里，这些西装革履的人就变成了过去欺凌过他们的家长和老师。由于无法控制自己的情绪，情不自禁地就陷入恐惧和紧张中，表现出惊慌失措。

他们此时就经历了双重创伤，内心隐藏着最初的伤痛，此时又受刺激，产生难以抑制的焦虑。

佛教哲学

正视生活中的苦痛，需要正确的心态。如果你表现得沮丧或者害怕，那么正视苦痛，只会让你更痛苦。因此，你需要具备积极友善的心态，富有同情心，做到心平气和，这才是通往自由之路。

佛教中有一条教义，指出人活着就是来受苦的，懂得了这一点能让我们受益匪浅。人生在世，苦难不可免。任何试图逃避苦难的行为都是浪费时间。因此，面对苦难，最重要的是你采取何种态度。

面对苦难和焦虑，人们会采取不同的态度。比如说，你受伤了——骨折或者被拒绝了，这时，你可以采取多种不同的态度，你可以怨声载道，痛苦不已；你也可以继续大步向前，假装什么都没发生；你还可以反应激烈，咄咄逼人。或者，你也可以选择承认自己受了伤，然后仔细观察，找出最佳的处理方式，再反思一下可以从中吸取什么教训，以防再犯。

这些态度截然不同，但是只有其中一种，即最后一种——仔细观察、评估需求、吸取教训——才是最为明智有效的。只有最后一种态度，才是在内心充满安全感时持有的态度。

藏传佛教中，有一种最精致的宗教艺术，精准地阐释了人们采取的这一态度。一群喇嘛会花几个星期，甚至几个月，呕心沥血地用彩色的沙子绘制一幅宏大精美的沙画。这就是坛城沙画——我曾经在伦敦的大英博物馆中看到一幅长达10英尺、宽达6英尺的沙画——精美绝伦，细致入微。由于是用沙子绘制的，整幅画非常脆弱易损，因此，制作出这么大一幅画，实属不可思议。整幅画被放置在一个大沙盘中，平放在桌子上或者地上。许多前来观看沙画的人，都被其精美所折服，也有的人以此鞭策自己进行祈祷和冥想。人们小心翼翼地绕着沙画，用心欣赏，给予最大的尊重。这就是关爱和脆弱之美的神奇之处。

之后，在适当的时间，人们会将整个大沙盘慢慢倾斜，很有仪式感地将沙子倒出沙盘。喇嘛们一边念着经，一边祷告，就这样毁掉了他们精美的艺术杰作。我在博物馆里看到的那幅沙画，最终被带到泰晤士河，并被郑重地倾入河水中。

在整个倾倒过程中，喇嘛们一直心平气和、超然自逸。这其中的教义很明确。人生短暂，有苦亦有乐。关键就在苦与乐中，你是否能一直保持内心平静，敏锐机警。你虽然无法避免苦难，但是你却可以避免苦难恶化后的痛苦。

佛寺——以及其他宗教圣地——大部分年长的和尚和尼姑，内心深处都有这种超然自逸和平心静气的态度，从他们行走时的肢体语言、面部表情以及静坐冥想时的神态就能看出来。新来的尼姑与和尚们，也能在寺庙中吸取前辈们的这种能量，做到身心平静。

值得庆幸的是，有些父母就具备这种人生态度。如果孩子不小心打碎了什么东西，妈妈会心平气和，不愠不怒，她会先看看孩子有没有受伤，然后将地上的碎片清理干净。这样孩子就不会经历双重创伤：事故的创伤和父母责备的创伤。

如果所有的父母、领导、老师都具备这种良好的态度，并影响到身边的孩子和年轻人，岂不完美？这种良好的心态就能够得以代代相传，这将是人类最美好的梦想。

藏传佛教的沙画艺术，让我们懂得在面对生活中的危险和苦难时，应不惊不惧，心平气和，超然自逸。

自我纠正的艺术

为了获得安全感，我们一定要勇于正视自己的弱点和错误。即使最凶猛的狮子，也不会攻击大象或者与鳄鱼同游。骄傲、傲慢、否定自己性格中的问题，都是极度危险的。你当然会有弱点，因为你是一个人，是人就有弱点。假装自己没有弱点，并不会让你的弱点就此消失，更糟的是，无视自己的弱点，只会让你更加脆弱。

神话故事中的那些单打独斗、以一敌十的伟大神奇英雄形象，本不应该成为现实生活中的楷模。

如果你在现实生活中当一名孤胆英雄，那你将被隔绝于人生最高潮，死于人生最低谷。实际上，孤胆英雄只是心理发展的一个比喻。赫拉克勒斯①经历了种种磨难，这些磨难对他而言，准确地说，就是心理与精神之战。他所打败的敌人和恶魔，实际就是人类性格中的方方面面。恶魔被你砍了头，还会再长出一个头来，会不时地让你陷入恶劣情绪中。

---

① 希腊神话主神宙斯之子，死后升入奥林匹斯圣山，成为大力神，他惩恶扬善，敢于斗争。

我们可以学习那些孤胆英雄的勇敢坚定，战胜自己，成为一个更睿智善良的人。在这场战胜自我的战争中，最强大的武器就是对己诚实和自我调节。这不是让你去内疚或者羞愧，而是锻炼你进行自我反思的能力，坐在生活这辆车的驾驶座位上，最重要的就是要具备正视自己的能力，和对命运的乐观心态。

不过，对于你心理上的苦痛，采取一些实际的治疗和关注，也是有作用的。但是此时此刻，你所需要的就是具备武术大师的心态。你要认识到自己的弱点，并以一种友善和包容的态度，对待自己的弱点。不要因为自己的任何弱点、错误或失误而惊慌、责备或者评判自己——这样只会招来更多的紧张和脆弱。不断地自责，特别是在困难之时，无异于自我毁灭，请不要这样做。引导自己，对己诚实，仁爱友善。

我有一个女性朋友，长期经历胃疼的折磨。看过医生后，医生诊断为胃溃疡。我的朋友听后，立即开始自我怜悯，并愤怒不已："我的命太苦了，我快承受不住了。一切全靠我一个人，没人帮我。孩子们也天天气我。家庭生活拮据紧张。整个世界都在与我作对。"

第二天，她叫她的小女儿起床去上学时，孩子不肯起床，她又难过起来。站在厨房门口，又气又急，所有的注意力都集中到了她的胃部。她都能感觉到身体在不断分泌酸液，疼痛感更强烈了，然而，就在那一刻，她的整个态度突然发生转变,她竟然笑了起来。"简直难以置信,"她对丈夫说,"我的身体中正在分泌酸液。是我自己、我的思想、我的态度造就的。我要让它停下来!"她又笑了起来,从这一刻起,面对胃溃疡造成的疼痛,以及愤怒和紧张,她采取了冷静并乐观的态度。很快,她的胃溃疡就治愈了,生活也变得幸福快乐起来。

优秀的领导、管理者、同事、父母和老师都会承认自己所犯的错误,及时调整自己的行为,并采取相应的态度。他们不会无视生活中的警示信号和反馈,而鲁莽向前。一个缺乏安全感,恐惧心理强的领导,通常在自己的观点受到挑战或者犯错误时,都会表现出强词夺理、咄咄逼人。而一位优秀的领导,则会鼓励同事们勇敢发言。他们之所以有这样的人生态度,主要源于他们勇于面对现实。没有人是十全十美的,人无完人,因此你需要一个团队来帮助你纵观全局。正视自己,是深入和成熟的表现。

此外,如果有人给你提出的意见,让你在心里产生了恨不得杀掉他的念头,那你也没有必要对这种尖酸刻薄的反馈信息强颜欢笑。真正出类拔萃的领导者,对那些敢于提出新的和有挑战性的观点的人,持有的是一种发自内心的真诚和热情。而这种态度,是建立在心理安全的基石之上的。这种基石,你是可以通过适时暂停、管控自己体内化学物质的分泌技能获得的。

这又回到了适时暂停、友善包容对待自己消极面的话题了。有了这种自我掌控的能力，你就能对他人表现出慷慨豁达。但是，如果你没有心理上的安全感，一味在乎个人的面子，你是不可能做到这些的。

如果你以前从未真诚地正视过自己存在的问题，也没有以友善的态度对待过这些问题，切勿心急，一步一步地开始。适时暂停，一次聚焦一个小问题，时刻谨记生活的神奇美好，将自己链接到广于"凡人镇"的大自然和宇宙中，以良好的态度向身体传递友善的信息，激发身体分泌内啡肽，以友好包容的态度正视自己的不足。对自己采取的勇敢行为，敢于打满分，给予高度赞扬。

集体性无视

集体，与个体一样，很难正视自己的弱点和盲区。这就好像一个集体中的成员，不约而同地签订了一个契约，无视事实真相，互捧彼此。

2001年9月11日，恐怖袭击发生前至少二十年，国际政治和冲突方面的专家们就不断地指出，武装斗争和战争最终会引发重大恐怖主义。就恐怖主义发生的可能性，人们展开了各种讨论，包括偷运核武器到城市中心、使用生化武器，以及劫持飞机等。但是，人们达成了共识，国家目前的防御体系很容易被恐怖分子渗透。

在分析这类恐怖袭击可能产生的原因时，专家们也一致认为，是全球经济和政治体系的不平衡，导致许多群体产生不满和憎恨的情绪，于是借助于民族和宗教激进主义来寻求心理上的慰藉和力量。

这些信息，人们心里一直清楚，但是却总是选择无视。即使在9·11恐怖袭击事件过后，许多人还是选择无视，更愿意把恐怖分子想象成愚笨、妒忌心强、邪恶的敌人——而完全忽略历史原因。无视历史和政治方面的原因，就是心理脆弱的一种表现，是缺乏智慧的一种体现。这样，只会为将来积攒储存更多问题和麻烦。

这本就十分明显，不是吗？如果世界上有的国家富足充裕，而有的国家却要忍受贫穷和饥饿，那注定会引发愤怒。对于那些尊严被蒙上灰尘的年轻人，你能期望他们怎么样？杀掉他们是一种方案，为将来做好计划又是另一种方案。

因此，真正的安全感，不仅需要你对自己的伤痛敞开心扉，还需要对你生活的集体的伤痛敞开心扉。集体的伤痛是存在隐患的，需要认真对待。无视这些伤痛，只会给未来创造危险。

这就要求，首先你不能陷入集体消极负能量之中，同时你还要维护自己独立的内心。必要时，当其他人陷入集体情绪和偏见的消极负能量中而随波逐流时，还需要你诚实真诚，勇于指出真相。

现实主义

因此，对于我们生活的世界，采取现实的态度去面对，是绝对必要的。以一颗善良的内心，进行冷静观察；引导自己体内分泌出激发积极正能量的激素；懂得欣赏大自然和宇宙的美好，而不是一味停留在人世间的悲痛中；富有力量和勇气——有了这些基本的态度，你会发现，真诚地面对现实，其实很容易，也能让你心安。

总有一天，你需要成熟起来，明智地面对生活。这样，你才能够具备博爱之心，接受悲惨事实的能力，即可能人人——最糟的情况下——都有阴暗狡诈的一面，所有的人心中都住着一个天使和一个恶魔，否认了这一事实，就等于否认了人性中最基本的悖论和激情。

承认这一事实，对有些人来说的确有些困难。然而这就是现实，你需要接受的现实。看报纸或者看电视的时候，人们遭遇饥荒或者饱受压迫的画面，映入你的眼帘时，你有何反应？迅速翻过这一页？换个频道？还是能够敢于正视世界中真实发生的事？

世界本身就充满危险，这并不是虚张声势，亦不是蓄意吓唬人，更不是绝望的理解，这就是生活，这个星球就是这样。人性可以仁慈友爱，也可以阴险狡诈。你可以给自己创建一个天堂，也可以给自己营造一个地狱。

　　若想真正做到无所畏惧，就要具备正视所有痛苦和危险的能力——同时坚定自我，积极乐观。做到这一点，显然不易，但是却可以在精神上让你强大，也是人性伟大的标志。不过，我也清楚地知道，有些人在面对这些人性现实时，表现出了极为脆弱的一面。如果你是其中一员，那就要继续给予自己更多的关注与仁爱，控制自己的情绪、情感。

像狮子一样爆发

正视自己和世界中存在的问题，需要勇气和意志，同时还需要道德力量。将自己的目光移向生活中危险、丑陋或者不愉快的方方面面，需要强大的意志能量，有时需要你冲破自己的阻力，做出正确的选择。

本书使用了大量的笔墨，谈论如何发展自己的内心，使之睿智善良，此外，我们还需要通过强有力的态度，来平衡自己的内心。母狮子能让她的小狮子们感到安全，是因为它们有生存的本能和意志，必要时，它们会毫不犹豫地发起攻击，变得凶猛无比。

在你的内心——进行着个性发展的伟大战役——在管控自己内心发展的进程时，必须也要具备这种英勇的勇气，采取强有力的行动。必要时，你必须能够意志坚定，冲破阻力。这是一种创造性攻击力，对你的成长和对其他人都有好处。那个最终嘲笑自己悲观态度的患胃溃疡的女士，就展示出了这种勇气和创造性攻击力。

诚然——从精神的角度来说——宇宙是博爱的和具有治

愈力的，但是大自然和宇宙中还存在着一股创造的爆发力，必要时，让这股力量在你的身体中流动，这是出生、成长和发展的力量之源。

如果你曾生过孩子或者看见过生孩子，你就应该知道，这一神圣珍贵的时刻，充满了创造的爆发力。婴儿出生的过程，实际是一个艰辛的过程，也就是创造性攻击的过程。

我认为这种力量的精华就来自我们的宇宙起源之初：创世大爆炸。大地开始呼吸，暂不论这是怎么发生的，当时释放出的巨大能量，至今还在宇宙中回荡，与世间万物产生共鸣。新生命的不断降临，就是这一现实的直接证明。新生命的出生需要力量。这一过程可能会很漫长，如一粒种子成长为一个大树，一个小婴儿成长为一个孩子再长成一个成人一样漫长。这一过程可能会发生得很突然，如火山爆发或者一个星系的产生。

在人类社会中，这种力量体现在人类求生的意志之中。现在，尝试一下，暂停手中的活，双唇紧闭，然后用你的手指堵住鼻孔，完全不呼吸，你能坚持多久？到一定程度，你身体内会产生一种本能的爆发力，迫使你开始呼吸，这样你才能活下来。

就如一棵小树，在其成长过程中，会推开一切阻挡其生长的东西，你也具备这种本能力量。我经常看到一些人，自认为是生活中的弱者、受害者，于是无时无刻不在抱怨，时时刻刻都感觉自己受到了伤害——但是他们还是生存下来了!他们的无病呻吟,只是如巨浪一般,无休无止地冲击着礁石,折磨着其他人,但是他们自己并没有蜷缩成一团,躲在冰箱后面死去。即使他们没完没了地抱怨着,身体中仍有一种持续力促使他们继续生活,他们是生存者。

我们的身体中有一种本能的生命力,驱使着我们继续生活。人们能够继续呼吸,能够得到所需的食物。只要你还活着,你的体内就存在着这种力量,让这种力量之火熊熊燃烧起来。

释放你的创造性攻击力

现在,有许多人都熟知宇宙平衡论和东方的阴阳说。阴则柔,万物因而息息相关;阳则刚,万物因而伸展扩大,富有表现力。对一个人而言,也需要达到阴与阳的平衡。事事顺从的软弱之人和咄咄逼人的强势之人,都没有达到阴阳平衡,因而不受人欢迎。

本书提及许多方法技巧,如适时暂停、友爱地关注自己的身体等,现在你还需要学习"阴"的方法——让自己柔起来,能屈能伸,坚定自我。然而,使用这种方法时,你还要做到思维清晰,严以自律。这就是"阳"。要做到从精神和态度上,都聚焦于自己,你还需要道德力量、坚定的意志。

这种力量和创造性攻击力需要表现出来,释放到世界之中。如你所知,我们每个人都是紧密相关的。这种联系源于多种原因,包括环境、政治、基因以及我们共享的能量场等因素。我们生活的世界,已是伤痕累累,因此需要我们注入一些创造性力量,需要我们勇于攻击各种伤害,需要我们创建更多美好的事物。

因此，学习如何掌控自己的力量，并睿智地表达出来，至关重要，这也是获得安全感的必要途径之一。这也是最基本的技能，有的人天生就会；还有的人，不幸的是，表现出来的力量又过大了。

如果你不擅长设置心理防线，不懂得说"不"，那么你就要承认自己的弱点，对自己诚实。我强烈建议你，花三个月的时间，学习一些实实在在的武术——空手道、合气道①、自由搏击、自卫术等。如果你有孩子，我强烈建议他们学习这些武术课程，同时你还要鼓励他们设立自己的防线。婴儿和幼儿清楚地表达"不"时，你应该予以尊重，并理智地进行鼓励。

如果你从来不擅于批评和自我批评；如果你不愿意听到或者害怕不同意见，我也同样强烈建议你认真学习称之为"自信心训练"的课程，你将学会如何在不受伤害的情况下，坚定地表达自己。

每个人——只要还活着——就有权利拥有自己的空间，并在自己的空间中获得安全感。有时你可能需要坚定地维持和捍卫你和他人在这方面的权利。

大自然和宇宙中，流动着一种自然又健康的爆发力和力量的火焰。照顾好你内心的这团火焰，必要时，为了你自己和周围的人，让这种火焰熊熊燃烧起来。

---

① 日本的一种自卫拳术。

谨记

★敢于正视自己内心的创伤，使之不再困扰你。

★以警觉友善的态度对待自己，避免旧的伤痛溃烂化脓。

★心态平和，仁慈善良。

★以成熟的心态对待世间的问题和苦难。正视生活中存在的危险，学会纵观全局。

★仁爱善良要与创造性攻击力达到平衡。坚定自己的信仰。

★必要时，学习一些武术，增强自信。

★让大自然和宇宙中的火焰与爆发力尽情燃烧，并通过你的身体表达出来。

8

安全而伟大的灵魂

从安全感到满足感,继续前行

今日世界已不同往昔。短短几个小时之内，你可到达任何你想去的地方。现在的电子技术，也能让你想在哪里就在哪里。由于全球经济，你与世界中的每一个人都息息相关。有了大众媒体，你坐在客厅里就能了解世界各地人们所经历的苦难和幸福。你现在是一名全球公民，通过相互依存这一复杂的网络，你与世界中的一切都链接到了一起。无论你做什么，都会产生影响；无论他人做什么，也会对你产生影响，我们所有人都会相互影响。

全球公民

作为一名全球公民，你就是地球村的一员，完全不同于那些生活在亚马孙雨林深处或者非洲大草原上的狩猎人，过着与世隔绝的生活。

在21世纪，我们可能认识每一个人。谁又是真正的陌生人？但是，在一些小部落中，人们可能只认识自己部落里的人——总共也就一二百人，甚至更少。陌生人对他们来说，就如同来自另一个星球的生物。许多部落的族人，对陌生人都非常小心谨慎，同时充满了敌意。他们不相信陌生人，甚至会吃掉陌生人。

他们真的可能吃人！但是，在部落内部，这些人相互之间却是善良友爱、慷慨豁达的。人类学家们是这样描述这些部落的，如卡拉哈里沙漠中的布须曼人、澳洲土著居民和因纽特人——部落里的成员几乎共享所有的一切，所有的财产都是共有的。孩子们和老弱病残受到了族人们最大的关爱与尊重，部落之中几乎没有冲突，也没有欺凌。

然而，当这些人遇到陌生人或另一个部落里的人时，他们会极度小心,甚至不把陌生人当作人类来看。在有些部落的语言中,陌生人的意思就是那些"不存在"的人或者"非人类"。这些"另类"就可以被吃掉。但是,在他们自己的小集体中,却充满了和平与仁爱。

如果你有孩子,或者真心爱过某个人,你也会有相似的体验。你愿意为你心爱的人付出自己的生命。还有什么比这种爱更伟大更无私呢?但是,你也可能会为了保护你的孩子和爱人,或者为他们获取食物而去杀人。这就是悖论。对待家人慷慨豁达,甚至能够牺牲自我,但是却能够伤害甚至杀害家人以外的人。在许多情况下,这似乎是人的本能。在现代社会中,这种现象也是随处可见的:街头匪帮中,体育会所中,社会青年中等。

在小部落中,你之所以会与你的族人分享一切,还因为你根本无法隐藏你的行为。你根本无法作弊,一切都在公众眼里。一旦出现自私的行为或态度,很快就会被制止。部落中不可能容忍自私自利之人或者私藏食物的人,这会破坏社会凝聚力,在出现饥荒或者自然灾害之时,是十分危险的。

现代社会中,由于旅游、经济和媒体等因素,我们彼此都成了邻居。世界变成了一个地球村,不再存在陌生人了。我们的大集体中,生活着六十多亿人,我们是一个巨大的部落。只有人人都慷慨豁达、品行良好,才能有效地确保我们的社会具有凝聚力。但是,在我们这个巨大的集体中,这种凝聚力已不存在了，你可以隐藏自己，你可以不负责任，你也可以自己过活。没有社会凝聚力，部落精神也就不存在了。

诚然，在现代社会中，我们有法律，有警力，也有是非对错的整体观念，但是几十亿人却也展现出了自私、贪婪和危害他人的一面。生活在地球村，我们已失去了安全感。

你该怎么做呢？地球村里的这些人是你的家人还是你的敌人？是该与他们共享一切还是吃掉他们？你的一种选择是，加入或创建一个让自己感到安全的小部落：这些部落中包含着你所认同的一些因素，如派系、宗教信仰、国籍、性别、性取向、身份等。但是，这样的话，就要注意避免产生不成熟的情绪、残酷的集体精英主义、宗教激进主义和极端民族主义，因为这一切对小部落以外的人来说，都是极端暴力危险的。不过，我们需要认识到的是，在一个饱含不确定性因素的世界中，人们没有明确的身份和地位，他们的心理缺乏安全感，因而人们擅长推崇极端主义，似乎极端主义是这个世界中唯一的明确之路。

这样的世界中，年轻人得不到教育，得不到发展，享受不到那些心理拥有安全感、家庭经济稳定的孩子所拥有的各种人生机遇，难怪这些年轻人会沦落街头，成帮结伙。因为只有这样，他们才有了明确的身份和重要的地位，才能找到精神上的安全感。

当然，绝大多数人还是选择加入地球村这个巨大的家族：

家族中主要是众多有梦想，有温馨家庭，享有好车和美好假期的中产阶级。这是一个巨大的部落。然而，不幸的是，这个大家族也与其他部落一样，只保护部落中的人，而无视甚至伤害非本部落中的其他人。穷人们不属于这个大部落。穷人们就是外人，纵使他们不至于被全球村的中产阶级吃掉，但是他们的生活，却会被这些中产阶级的消费需求所吞噬。例如，生活在发达国家中的人们的饮食习惯，如对新鲜多样的进口产品的觊觎，可能会毁掉当地的经济和农业，使本来自给自足的部落人民穷困潦倒，忍饥挨饿。我们有吃的了，他们却要挨饿。局内人，局外人，这早已是老生常谈。

现在，我们都需要做出重大的决定。这个新的世界，对道德标准有了新的要求。当然，你可以无视这些道德问题，加入各种混战之中，获得不义之利，艰难地苟且下去。或者你也可以选择一条充满平衡、力量和豁达之路。你可选择创造一个更好的世界，让生活其中的人都能感到安全。

首先，你自己需要具备身心安全感——这是一个人健康成长的基石。但是，如果你身边的其他人缺乏安全感，你也很难获得身心安全感，他们会对你心怀不满。非洲、亚洲和南美洲的一些地区，被边缘化的人和饥饿的人总会发起各种报复行为——这种行为还将持续下去——如果是你的孩子在忍饥挨饿，你会怎么样？——他们的行为让整个中产阶级震惊。

因此，如果你既希望自己安全，又希望此生不凡；如果你想让你的家人和朋友也同样具有安全感，那么，你就必须放宽心界，这不仅关系到个人利益，同时也是一种强大的道德号召。

这是一条走向成熟之路。你不能再依赖父母和部落长老给予你指引。你不再生活在那个开放的部落中，你的生活也不会再尽现在每个族人的眼前，因此，也没有了激励你维系社会责任的因素了。在现代社会中，指引你前进的老者，就是你灵魂中的灵感和真诚。

当然，如每个人一样，你需要一种归属感。那为什么不选择归属到善良又安全的人所在的大部落中呢？为什么不将心胸放宽，不仅为你所属的直接群体负责，并承担起整个生命共同体的责任呢？这并不是要你加入反全球化的游行队伍之中，也不是让你请一年的假，去帮助发展中国家的人（虽然你可以做到），而是希望你能开阔眼界、放宽心胸，关注以前被你忽视或不喜欢的人。

这个世界绝对需要终止那些无休无止的冲突，这些冲突导致了多少人被杀害、被伤害，导致了多少人忍饥挨饿。改变这一切，首先要从你自己的身心开始。在所有的政治派别和社会阶层中，总有一些心胸宽大的人，立足点远超过自己所在的小群体。一个政治领导人或者体育运动员，高度赞扬对手时，就如一股清流一般，令人心悦；一个强大的组织，如一个石油集团，能够真诚坦然地正视他们对贫穷国家和环境所带来的影响，你就能明显感觉到激励和欣慰。

如果以色列的犹太人能够理解巴勒斯坦人，反之亦然；如果白人能够同样关注黑人；如果男人能够理解女人；如果成年人能够真正理解孩子，那么每个人内心都会产生深远有治愈力的魔力。

我的办公桌上摆着一张照片，上面有一个正统派犹太人，一个虔诚的穆斯林和一个佛教和尚，他们正在耶路撒冷的一座小山上，共同为世界和平祈祷。在他们的身后，可以看到大清真寺的金色穹顶，与所罗门圣殿的哭墙①紧紧相挨。看到正在战争中的双方，能够开明地共同祈祷，为他们的国家带入治愈力量，这是多么了不起的事！一个游历世界，力争为处于战乱的各国寻求和平的和尚，也加入了他们的祈祷队伍，构成了一幅多么完美的画卷！有人告诉我，那些祈祷的人看到这一画面都深受鼓舞。势不两立的以色列人和巴勒斯坦人，走进这个祈祷队伍的光环所笼罩环境中，都温柔起来，并相互微笑以待。有一次，那里发生了一场暴乱，警察把所有的人都清走了，只留下了这三个人。"你们可以留下，"警察说。"我们知道你们做的是大善大德的事。"

---

① 又称西墙，是耶路撒冷旧城古代犹太国第二圣殿护墙的一段，也是第二圣殿护墙的仅存遗址，犹太教把该墙看作是第一圣地，教徒至该墙必须哀哭，以表示对古神庙的追忆并期待其恢复。

你能做到对你曾经视为敌人的人敞开心扉时，也是伟大的壮举。困囿于老套刻板的束缚中，没有什么好处。恐怖分子、宗教极端主义者、西方人……每个人都有可能老套刻板，而你也很容易思想极端化，对他人评头论足，甚至厌恶憎恨他人。每当你进行一次苛刻的评判，就为偏见和冲突的集体能量场添薪加柴。每当你鼓足勇气，意志坚定地斩断自己所持有的偏见，就能在冲突的能量场掀起一层涟漪，释放一定的冲突能量。每当你融解了心中的偏狭和偏执，你就为偏见的集体能量场注入了治愈的能量。

走向卓越

可能，你没想到，为每个人创造安全感这一责任，已成为生活在这个美丽星球上每个公民的责任和义务。还有什么理由能让你感到安全和卓越呢？显然，不可能只顾自己的舒适享乐，自鸣得意，而无视其他一切。

所有的生命在成长、转变和自我实现的过程中，都有一种动力。这种动力，人类也有。然而，这种动力，常常被解读为获得物质成功和权力的动力。对于身份地位的渴望，恰恰掩饰了对人们来说真正重要的事物。人们真正想要的是自我完善，是成长，是完全发挥自己的潜能。而你身上穿的品牌、房子的价值或者银行存款的多少，并不能作为评判的依据。

你的满足感，取决于你内心的幸福和平静程度；取决于你对整个生命群体真诚的程度。你的满足感体现在你卓越的智慧、慷慨豁达的态度、果敢的力量、创造性和关爱之心上，还体现在你内心的感受，以及你周围人的内心感受上。

我见过许多人，虽然富有、成功，但是却内心空虚。我也见过许多脚踏实地的善良之人，真诚可靠，满足感十足，然而，他们的这种满足感，往往被那些追求物质成功的人所不屑。

就如一粒小花的种子能够成长为美丽的花朵一样，人类也能够成长，变得睿智稳重，慷慨豁达。你可能对此不敢苟同，但是如果人们生活在一个备受关爱、物资充裕并且安全踏实的环境中，自然就会积极乐观，富有创造性。

如果你所走的道路，是一条完全迷失在对成功和物质追求的幻想之路，那么你就很难与这种促使你获得满足感的动力相协调，也就偏离了生活的伟大航线。如果偏离了这条航线，你的内心深处一定能感受到出现了问题，而这种感受本身就会创造焦虑感——那种由于脱离生活中心，缺乏归属感，没有安全感基石而产生的不安全感和恐惧感。

这也是为什么许多人在取得了巨大的物质成功之后，反而变得更加郁郁寡欢，疑神疑鬼。他们原以为实现了这些目标就能得到满足感，就能让他们感到充实美好。然而，物质上的成功确实无法带来那种深远的满足和圆满。因此，他们最根本的初心被挫败。虽然物质上取得了成功，但是内心却不幸地被击败了。他们真正的需要，反而成了某种程度上的折磨。虽然坐拥万贯家财，他们却依然会用毒品、酒精或其他方式来麻醉自己，释放压力，他们的内心没有丝毫平静感。

为了获得安全感、圆满感以及归属感，最终你需要将重心放在道德和精神上的成就，除此之外，别无他法。这不是鼓励你去寻求宗教信仰或者精神信仰——虽然对有些人来说，宗教信仰确实起作用。这也不是号召你成为乐善好施、清心寡欲的大慈善家。只是为了提醒你，你在宇宙中真正的位置，以及相应的责任。我们在享受生活中妙不可言的创造性、神秘性和美好的同时也要关爱他人。

鼓励你的灵魂

那么，还是那个问题，在现代社会中，我们应该怎样做呢？

现在，我相信，你一定会做出明确的决定和选择。为了你自己的成长，也为了他人的发展，你不能摇摆不定。我说的"摇摆不定"是指在道德、关爱和勇气方面的摇摆不定。我们要成为一个强大的人，而不只是一个生存者。

面对事业中的起伏跌宕，以及情绪的变化无常，人们很容易变得摇摆不定，工作有时会让你应接不暇，精疲力竭，情谊有时可能也只是各取所需。英国哲学家伯特兰·罗素曾经这样写道："精神崩溃的一个最初征兆就是坚信自己的工作非常非常重要。"为了"工作"你可以牺牲感情、形象、状态等。

世人都说，做人不易。若想将生活的大船驶向道德的航道，若要在生活中做到慷慨豁达，需要积极主动和明确的抉择。你必须确定你想成为什么样的人，不要期望有人能在你眼前挥舞一下魔法棒，把你变成一个更好的人，是否能成为一个更好的人，是你自己将要做的决定，因为只有这样，你才能获得满足感和自尊感。

下决心将自己的生活驶向更美好的地方，似乎很简单，但是如果要真正实现，还需要真正的决心和勇气，就如许多人的新年决心，要减肥或者戒烟一样，想得容易实施起来难。即使你很幸运，身边有好朋友激励你，但是最终去实施的勇气还需要发自你的内心，发自你的身体核心，发自你自己的灵魂。

许多人都认为，灵魂或者精神两词听起来神秘莫测，然而我却坚信，灵魂和精神是最直接、最简单的。你的核心中有一股强大的生命力，彰显着真正的你。

我真希望我能更准确更清楚地告诉你，如何提高你对自己内心灵魂的认识，但是在这个领域中，我研究和教学的时间越长，我越意识到每个人都有自己的道路、自己的方向，这并不足为奇，因为你和你的灵魂之间的关系本就是独一无二的。难怪，在许多宗教诗歌中，都把这种关系比作一场神秘的爱情，魅力互吸，逐渐相知，彼此相拥，然后彼此心醉神迷。

你会在生命中的不同时期，与自己的灵魂相遇。当你内心慷慨豁达时，当你做出明智的抉择时，当你为人友善时，你就与你的灵魂相遇了。当你懂得适时停止、心平气和并且内心平静时，你一定与你的灵魂相遇了。当你目标明确，意志坚定，并在正确的时间、正确的地点有归属感时，你也与你的灵魂相遇了。

有时，你很容易就能看到并感受到世界上的各种苦难，然而，当你看到生活中的种种悲剧时，并没有沉浸在压抑沮丧之中，而是在心中涌现出一股爱的力量。爱与痛交织、美与丑交融的复杂情感，正是伟大艺术、诗歌创作的灵感源泉，这也是你灵魂的体现。

有时你的灵魂会呼唤你，甚至要求你采取行动，为释放世界中的不公、贫穷和痛苦能量场中的能量尽一份力。有时，你的内心有一个声音在呐喊，或者不断地呼唤你，去改变自己的生活，这也是你的灵魂在向你呼唤。

还有的时候，在你的梦境中，你感觉自己遇到了一个隐形但是了不起的人，人们常把这种情况解读为遇见了上帝或者天使，但是实际上，你遇到的可能就是你的灵魂。

有一个人曾告诉我，他做了一个美梦，梦里他遇到了一个伟大的人，那个人让他充满了力量、自信和治愈力。他在给我讲述这个梦境时，依然神采奕奕。"他是谁？"他问。"是你的灵魂吗？"我问。那个人立即感到难以置信，不相信自己能这么优秀。这也是正常的。但是，当他安静地坐在我面前，开始接受并认真思考梦境的暗示时，他也表现得不那么过度谦虚了。

相信你一定也有过一两次上述体验。但是，你可能从来没有停下来，想一想这种梦境的意义。这些梦境就证明，在你的内心深处存在着善良和睿智。适时暂停，认真反思内心深处的自己、核心中的自己。

你是否意识到，你与内心深处的你之间的关系？你是否尊重认可过你的核心？你是否倾听过你的灵魂、你的良知和富有创造性的精神？无须我向你解释，你知道怎么做。但是，我还是要鼓励你，认真对待自己的灵魂，认可自己的灵魂。记住这一点。

与你的灵魂融为一体，你会更加睿智，你的生活会充满更多关爱，更富有创造性。

三件重要的事

我认为,如果你想为获得安全感打下坚实持久的基石,那么你需要每天做三件重要的事。

- 第一,自我反思。
- 第二,链接美好。
- 第三,行善积德。

我建议,将这三件事扎根于你的内心,并成为你日常生活中的一部分。每天练习,你将能够集中精力,做到平衡日常生活中的各种刺激、欲望、癖嗜、紧张和消极方面。

自我反思

如果你不花时间关注自己,关爱自己,那你很难保持健康的身体,很难维系友好的社会关系,也很难取得成功。这也就是说,每天你都应该花一点时间关注自己,审视并评估自己的现状。有的人,只需一个记事本,即使身后开着电视,也能进行自我反思。还有的人，需要在安静的环境里，以冥想的方式进行自我反思。每天都记日记，也是一个很好的自我反思方法。

自我反思时，最好回忆过去几个小时内发生的事，反思自己的行为和感受。记住，那些你想要忘记的事，你是永远无法遗忘的，那些事会一直留存在你的心里，只是你自己没有意识到而已。

自我反思时，你可以自问一些常规性问题。身体感觉怎么样？哪里不舒服？大脑有没有对身体给予关注和关爱？不舒服的原因是什么？过去的几个小时里，有没有行为不当或者情绪失控？思考这些问题，诚实回答。

在你心中储存消极能量的地方，一直是你努力想要躲避的，困扰着你并影响着你。通过自我反思，你可以为这些地方注入睿智和友善的能量。目前为止，这是最好的正视自己内心阴暗面的方法。

自我反思时，也要反思自己所做的善行和成功的事。今天做的饭是不是很好吃？任务是不是开始着手做了？是不是和那个人取得联系了？

此书写到此，我相信大家一定知道，在进行自我反思时，一定不能心情压抑或者心存偏见。以一个受害者的心态，心存偏见地看待自己的阴暗面，无异于投薪救焚。因此，如果你心情十分糟糕，连一丁点微弱的笑容都没有，那就不宜进行自我反思。

适时暂停，调整心态，让自己安定平静下来。自我反思是对自我的一种接受和治愈行为。

链接美好

每天，都不忘关注与发现生活中的美好和奇迹。与之建立链接，让美好进入你的身体。大自然和宇宙中的积极正能量就萦绕在你身边，创造的美好和灵魂也在你的身边。如果你只着眼于人类文化，那么你就错过了整个大自然和宇宙。你被囚禁于"凡人镇"，但是"凡人镇"里的物质成功或者身份地位以至于任何物品，都是你带不走的！对你来说，真正重要的，是你的健康和满足感。

每天至少让自己感受一次生活中真实存在的现实。生活中的美好，一年只体验为数不多的几次，是对自己的不公。你不能只等着休年假的时候，才去追忆那些让你感觉美好的事物。积极和仁爱的能量场一直就在你身边。你只需要插上插头，打开开关，与之链接起来即可。

你通过什么方式与生活中的美好链接起来，并不重要。沉思冥想、虔心投入、狂热释放都可以。去教堂祈祷，到公园骑车，抱着你的小猫看电视，去美术馆参观，看一场足球赛，跳舞，你只需适时暂停。怎么做都可以！只要你去做。如果我们是一个遥控器，那么每天都坚持按下暂停键，暂停一会儿。关注大自然和宇宙中的能量，让自己慢慢感受并享受一会儿。

享受的时候，可以尝试着把自己的遥控器的声音调大一点。不要轻视与生活中的美好之间的链接，体验的时间长一点，加深与美好之间的关系。心存感激，再加深，增强色彩、声音、味道和感觉，让你的灵魂也活动活动，伸展一下筋骨。

行善积德

人生在世，需要多多行善积德。行善于他人，是拥有安全感和卓越感的主要外部表征。没有善行的积累而获得的安全感和卓越感，是自私自利和自以为是的。紧紧抓着自己的资源不放——无论是物质上的还是精神上的——都是不健康的。这种因为恐惧而形成的束缚，你要努力从中解放出来，让他人感受你的善良。

健康能量最重要的迹象就是，能量的流动。被污染的河水和湖水，如果能够流动起来，一段时间后就能清洁干净。你的安全感和卓越感，也是正能量，应让这些能量得以延伸，流动起来并影响他人，不要阻塞这些能量的流动，导致其受到污染。

每天多多行善，最起码，一天结束后，当你回顾这一天的所作所为时，至少有一件善行或者慷慨豁达的行为。这件善行，可以是具体的一件事，如真诚慷慨地或者面带微笑地给陌生人捐赠金钱；他人的影印机坏了，你出手相助；面对气愤不平的司机，你能耐心相对。

此外，善行也可以是一种慷慨豁达的习惯态度。在心灵界和宗教界，将这种善行描述为将一生致力于帮助他们。每天，当你回顾自己的生活时，问问自己是否帮助了他人。你的存在是否对你的世界有所贡献？每天，你可以花一点时间，默默地反思，将关爱和宽容的能量注入你周围的世界，吸入负能量，呼出正能量。

有的人可能会问，"帮助"的真正含义是什么。我认为答案很简单。宇宙中的万事万物，都在不断成长和达到圆满，你所做的一切，是有助于这种成长和圆满的事，那是在帮助他人；你所做的任何阻碍这种成长和圆满的事，就不是帮助。

植物的生长需要水分和阳光，而人的成长，最需要的就是安全和激励。所以，有一种简单的方法，可以审视自己是否对这个世界有帮助，是否带来了积极的影响，那就是评估自己，是否让你周围的人们感到安全和受到激励。可能就是你的一个微笑或一个拥抱，将你的安全感延续到了他人身上；也可能是你面对欺辱伤害时，能够勇敢地挺身而出。你要意识到，你的态度和气场的重要性，确保不要伤害任何人，激励并帮助你周围的人。

如果你的生活繁忙又紧张，我完全理解。可能你很难挤出时间，也没有地方，甚至都没有心思来做这三件事。那你为什么活着？你活着一定不是为了成为生活的奴隶。你需要充实自己，滋养自己的灵魂，寻找平衡。

无论是经历生活中的苦难时，还是生活十分顺利时，都要以通过做这三件事来正视现实，维护自己的安全核心，即自我反思、链接美好和行善积德。

狮子和太阳

在本书最后的篇幅中,让我们再回到狮子的话题。本书中,狮子的例子多次出现,代表了勇气、力量和关爱。在许多寓言故事中,正是这些特性,让狮子成了森林之王、百兽之王。这对人类也是一个很好的启示。人类同样可以成为生活这个大森林的王者,也可以成为百兽之王——你心中的百兽和周围世界中的百兽——只要你勇敢、强大,富有爱心。

此外,在许多帝王家族的徽章、盾牌和旗帜上,都有狮子的图案,象征着帝王的力量和智慧。这是一个激励人心的图案——代表着强大睿智的领导力,与恐惧、焦虑和懦弱截然不同。

在一些经典的神话故事中,狮子的形象更加理想化,狮子被赋予了更强大的力量。神话故事中,太阳和狮子的形象融为一体。狮子的脸和金色的鬃毛,变成了太阳的样子,光芒四射。这只狮子,力量无边,因为太阳会永远辐射出无尽的能量、光和热——这种慷慨豁达的行为,赋予了生命强大的生命力。这样你就可以成为一个王——在你的光辉下,人们能够延续生命，保持健康，快乐成长并繁荣富足。

这是多么崇高的理想啊！这是多么浪漫的梦想啊！你也可以如此强大，如此慷慨豁达。这一理想很天真吗？很难实现吗？

你可能还记得电影《绿野仙踪》中陪伴桃乐茜的那个胆小热情的狮子吧，以及桃乐茜寻找巫师的路途中遇到的其他伙伴。狮子因为失去了勇气，而感到尴尬羞愧，因此希望巫师能将勇气还给他（铁皮人想要一颗心脏，稻草人想要一个大脑）。

最后，他们找到了巫师。巫师告诉温顺的狮子，他要想重获勇气，首先要敢于打败邪恶巫师。听到这样的条件，狮子吓得瑟瑟发抖。但是，他还是勇敢地陪着桃乐茜。随着故事情节的推进，他还是勇敢地面对邪恶巫师以及那些可怕的恶魔。他帮助了桃乐茜，表现得英勇果敢。

最后，当这只胆小的狮子回到巫师那里索取他的奖励，即他急切想要的勇气时，巫师却说："我不会给你。"其实，已经没有这个必要——狮子已经找到了勇气！他所做的一切，已经证明他的英勇了。狮子听了，脸红了，显得十分可爱。

我非常喜欢这个故事，因为这个故事说明狮子其实从没有失去勇气。勇气一直在他的内心深处，等待着合适的时间表现出来。然而，即使狮子意识到了自己的勇敢后，仍然笑容可掬，谦卑可敬。

229

为生命社区做出贡献

我们每个人都富有勇气和力量,只不过时常被我们隐藏起来了。只要你活着,你就不乏勇气和力量。这是我们与生俱来的,并无特别之处。这也是我们这种物种生存和进化过程中所必不可少的。所以,当孩子受到威胁时,平时温顺的父母会突然爆发,疯狂地怒吼,来保护自己的孩子;当学生受到危险时,平时温文尔雅的老师,也会挺身而出;当平民受到欺负时,平时默默无闻的士兵,也能做到见义勇为;面对纳粹毒气室,平时文质彬彬的牧师,也能勇敢地走在所有犹太人的最前面。我们每个人都具有勇气和力量,然而我们的勇气和力量多久才出现一次呢?

我们的灵魂都是卓越的,但是我们同时又是敏感脆弱的动物,就像我在本书开始提到的那些小猴子一样。小猴子们被剥夺了应有的温暖和关爱,因而无法正常成长,胆小怕事。我们人类的跨度非常大:一边是深度、智慧和力量,另一边是焦虑、恐惧和神经质。我们既非凡卓越,又悲惨不幸。我们的一生都是在摸索中尽力而为。

但是，永远不要忘记，你的灵魂、你的求生意志，以及你与所有生命链接的能力，都是你在摸索中的指路明灯。纵然你确实需要勇气，抑或勇气还未显现——也要记住，勇敢之人是指那些即使恐惧万分也依然能够勇敢行事的人。

如果你生活在一个完美的世界，成长在一个完美的家庭，你丝毫不会怀疑自己的安全感和勇气。然而，生活不是童话，没有那么完美，你必将经历各种磨难——你可能会因此而怀疑自己的内在力量，这种不确定性也是很正常的，你可能因此渴望增强自己的勇气。

有的文化中，勇士们必须努力练习，锻炼自己临危不惧的勇气，才能真正走上战场。有的练习中，他们明知会受伤，也决不退缩。通过反复的练习，他们能够在疼痛和危险面前依然勇往直前，不惧威胁，勇于投入战斗。

有的宗教中，信徒也需要自愿受苦受难，只是方式不同，他们是以坚定的信念和博爱之心，接受生活中的苦痛和苦难，基督教中的耶稣之死，就是大爱和仁慈的最高表现。

欧洲的一些古老的神秘教派中，也有这种体现牺牲自我的大爱内容：一只鹈鹕撕扯下自己胸脯上的肉来喂养幼儿。这种为了他人而牺牲自我的精神，也是骑士时代中骑士精神的核心思想——骑士的勇气和力量，只是用于帮助他人。

与此类似的例子不胜枚举。那些走进纳粹集中营的牧师，面对毒气室，自愿站在犹太同伴的最前面，一想到这一幕，我就感动不已。写这本书时,我看到一篇新闻报道,一位年轻女士身患癌症,由于已有身孕,她拒绝了化学疗法。为了保住自己的孩子,她选择了牺牲自己,我被她的精神深深打动。报纸刊登了一张她的照片,她抱着刚出生的孩子,面带微笑,眼神中透着喜悦,身边围着她的家人。孩子出生一年后,她就去世了。

这些虽然是比较少见的例子,却非常鼓舞人心。诚然,不得不再次提到的是,我们的生活中充满了辛酸与悖论——我们需要认识到,真正拥有安全感,做到慷慨豁达和英勇果敢,有时需要一定的自我牺牲,有时,这是有些人有意识的自然选择;有时,可能就是不得已而为之;有时勇气的显现,是因为形势所迫,如孩子受到威胁时,你所展现出的勇气。

这是一个相对敏感的领域。一方面,我鼓励你正确地、全方位地关爱照顾自己,增强自己的力量和安全感。另一方面,这样做又存在一定的风险,因为当善意地将安全感传递到你生活的整个生命群体中时,有时这种善意需要你为了他人更好的生活,为了他人的安全,而采取勇敢的行动,牺牲自我。究竟孰对孰错,只有你自己才能评判。

不过,除了这种牺牲自我的大爱以外,还有其他一些日常行为,也可以帮助你增强自己的内在力量,提高自己的安全感。这些行为,只需要你做出很小的牺牲:

- 他人先行。
- 适时道歉。
- 乐善好施。
- 付出时间。
- 控制情绪,慷慨豁达。
- 适时暂停,帮助他人。
- 选择的事业是服务于他人,而非只为贪金揽财。
- 多购买环保产品和服务。
- 心胸开阔,善纳谏言。
- 不存偏见,反对种族主义。
- 懂得倾听。
- 少欲多施。
- 激励他人等。

这些行为,与那些为了他人的利益而牺牲自己的行为相比,是显得微不足道,但是,即使这些微小的行为,只要行得正,做得对,同样有意义、有影响力——毕竟聊胜于无。此外,这些微小的行为,能够锻炼你身上的道德肌肉,使你在今后的各种艰难困苦中游刃有余。

基本原则

最后，让我再次提醒你，真正获得安全感的重要性。毋庸置疑，安全感是一个健康充实之人的坚实基石。当然，为了生活，你需要食物，需要住所，但是你同样需要安全感。

如果没有安全感，现代社会中的一切物质财富，你在社会中的身份地位，都毫无意义。你身体中激发焦虑感的化学物质，只会让你感到痛苦。可能你偶尔也会感到激动兴奋，但是大部分时间你都会抱怨，生活本应再好一些。实际上，的确如此。

真正的安全感，真正能够掌控生活中各种变数及威胁的能力，才能让你从内心深入感到舒心、稳定，才能感受生活中的美好。

纵览全书，你就知道缺乏安全感，是如何阻碍你的成长和达到圆满的，是如何阻碍你作为一个人实现人生目标的。为了你自己，为了你周围的生命体，你需要拥有安全感。你知道，你无法依赖外部世界为你创造这种安全感。当然，如果外部环境能够给予你安全感，这是再好不过的，但是，你若只依赖于此,那你就太天真了。大自然和人类世界的愤怒可以随时随地爆发,给人间带来灾难和悲剧。这样的情况下,你该如何?

明智之举,就是在自己的内心培养安全感。现在,书中提到的方法技巧就能助你一臂之力。

- 适时暂停。
- 关注关爱自己的身体,掌控体内化学物质的变化。
- 放宽心胸,不困囿于人类世界中的种种刺激。
- 与大自然、宇宙、生活中的美好重建链接。
- 不传递负面情绪。
- 给予他人安全感。保持积极乐观的心态。
- 认识到能量场和家族历史对你可能产生的影响。
- 不要担忧,不要散发消极负能量。担忧只会让你吸引到担忧的能量。
- 设立明确的心理防线。
- 对待生活现实理性,正视自己和你生活的世界。
- 吸入负能量,呼出情与爱。
- 面对危机和困难,积极乐观、设法应对。
- 勇敢无畏,慷慨豁达。

这些做起来都不难,因为这些都是自然而然的,是生活圆满健康的征兆。

这个地球上生活着的六十多亿人口，还有植物、动物、山水都需要你感觉安全和圆满。如果你缺乏安全感，对任何人或任何事都毫无益处。所有生命体之间的这种相互依赖的关系，需要你承担自己相应的责任。首先，就要从管控自己开始。

如一粒种子中包含着一棵大树一样，你的内心本来就有真正的安全感。让这种安全感成长起来。这样你才能获得深入的满足感和真正的圆满感。只有你这样做了，世界上的所有生命体，才能因你的存在而受益。

本作品中文简体版权由湖南人民出版社所有。
未经许可，不得翻印。

图书在版编目（CIP）数据

高敏感者的安全感 ／ （英）威廉姆·布鲁姆（William Bloom）著；吕红丽译. —长沙：湖南人民出版社，2020.06（2024.08）
ISBN 978－7－5561－2356－8

Ⅰ.①高… Ⅱ.①威… ②吕… Ⅲ.①成功心理—通俗读物 Ⅳ.①B848.4-49

中国版本图书馆CIP数据核字（2019）第245949号

FEELING SAFE：HOW TO BE STRONG AND POSITIVEIN A CHANGING WORLD by WILLIAM BLOOM
Copyright：© 2002 BY WILLIAM BLOOM

This edition arranged with LITTLE, BROWN BOOK GROUP LIMITED through Big Apple Agency, Inc, Labuan, Malaysia.
Simplified Chinese edition copyright：
2020 Changsha XiaohouKuaipao Culture Communication Co., Ltd.
All rights reserved.

GAO MINGANZHE DE ANQUANGAN

高敏感者的安全感

著　　者	[英]威廉姆·布鲁姆
译　　者	吕红丽
出版统筹	陈　实
监　　制	傅钦伟
产品经理	刘　婷
责任编辑	李思远　田　野
责任校对	李　茜
封面设计	阿鬼设计

出版发行	湖南人民出版社有限责任公司　[http://www.hnppp.com]
地　　址	长沙市营盘东路3号，410005
版　　次	2020年6月第1版　2024年8月第7次印刷
印　　刷	湖南凌宇纸品有限公司
开　　本	880 mm × 1230 mm　　1/32
印　　张	7.625
字　　数	120千字
书　　号	ISBN 978－7－5561－2356－8
定　　价	42.00元

营销电话：0731-82683348　（如发现印装质量问题请与出版社调换）